工业和信息化**精品系列**教材

1+X 证书制度 Web 前端开发系列丛书

Laravel

框架开发实战

黑马程序员 ◎ 编著

人民邮电出版社

北京

图书在版编目（CIP）数据

Laravel框架开发实战 / 黑马程序员编著. -- 北京：
人民邮电出版社，2021.9
工业和信息化精品系列教材
ISBN 978-7-115-56326-2

Ⅰ．①L… Ⅱ．①黑… Ⅲ．①网页制作工具—PHP语言
—程序设计—教材 Ⅳ．①TP393.092②TP312.8

中国版本图书馆CIP数据核字(2021)第062605号

内 容 提 要

本书面向已学习过 PHP 语言和 MySQL 数据库基础的人群，详细讲解 Laravel 框架的使用。书中将知识点和实用案例结合，帮助读者理解知识点并使读者能在以后的实际开发中灵活运用。

全书共 8 章：第 1 章和第 2 章讲解 Laravel 框架的基础知识；第 3 章讲解表单安全和用户认证；第 4 章讲解数据库操作；第 5 章讲解 Laravel 框架的常用功能，如文件上传、数据分页等；第 6 章讲解 Web 前后端数据交互技术；第 7 章和第 8 章讲解实战项目"内容管理系统"。

本书既可作为高等教育本、专科院校计算机相关专业的教材，也可作为 IT 技术人员和编程爱好者的参考读物。

◆ 编　著　黑马程序员
　　责任编辑　范博涛
　　责任印制　彭志环

◆ 人民邮电出版社出版发行　　北京市丰台区成寿寺路 11 号
　　邮编 100164　电子邮件 315@ptpress.com.cn
　　网址　http://www.ptpress.com.cn
　　三河市君旺印务有限公司印刷

◆ 开本：787×1092　1/16
　　印张：14.25　　　　　　　　2021 年 9 月第 1 版
　　字数：352 千字　　　　　　 2025 年 1 月河北第 7 次印刷

定价：49.80 元

读者服务热线：(010)81055256　印装质量热线：(010)81055316
反盗版热线：(010)81055315
广告经营许可证：京东市监广登字 20170147 号

FOREWORD

 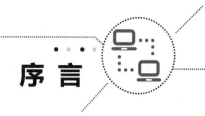

本书的创作公司——江苏传智播客教育科技股份有限公司（简称"传智教育"）作为我国第一个实现 A 股 IPO 上市的教育企业，是一家培养高精尖数字化专业人才的公司，主要培养人工智能、大数据、智能制造、软件开发、区块链、数据分析、网络营销、新媒体等领域的人才。传智教育自成立以来贯彻国家科技发展战略，讲授的内容涵盖了各种前沿技术，已向我国高科技企业输送数十万名技术人员，为企业数字化转型、升级提供了强有力的人才支撑。

传智教育的教师团队由一批来自互联网企业或研究机构，且拥有 10 年以上开发经验的 IT 从业人员组成，他们负责研究、开发教学模式和课程内容。传智教育具有完善的课程研发体系，一直走在整个行业的前列，在行业内树立了良好的口碑。传智教育在教育领域有 2 个子品牌：黑马程序员和院校邦。

一、黑马程序员——高端 IT 教育品牌

黑马程序员的学员多为大学毕业后想从事 IT 行业，但各方面的条件还达不到岗位要求的年轻人。黑马程序员的学员筛选制度非常严格，包括了严格的技术测试、自学能力测试、性格测试、压力测试、品德测试等。严格的筛选制度确保了学员质量，可在一定程度上降低企业的用人风险。

自黑马程序员成立以来，教学研发团队一直致力于打造精品课程资源，不断在产、学、研 3 个层面创新自己的执教理念与教学方针，并集中黑马程序员的优势力量，有针对性地出版了计算机系列教材百余种，制作教学视频数百套，发表各类技术文章数千篇。

二、院校邦——院校服务品牌

院校邦以"协万千院校育人、助天下英才圆梦"为核心理念，立足于中国职业教育改革，为高校提供健全的校企合作解决方案，通过原创教材、高校教辅平台、师资培训、院校公开课、实习实训、协同育人、专业共建、"传智杯"大赛等，形成了系统的高校合作模式。院校邦旨在帮助高校深化教学改革，实现高校人才培养与企业发展的合作共赢。

（一）为学生提供的配套服务

1. 请同学们登录"传智高校学习平台"，免费获取海量学习资源。该平台可以帮助同学们解决各类学习问题。

2. 针对学习过程中存在的压力过大等问题，院校邦为同学们量身打造了 IT 学习小助手——邦小苑，可为同学们提供教材配套学习资源。同学们快来关注"邦小苑"微信公众号。

（二）为教师提供的配套服务

1. 院校邦为其所有教材精心设计了"教案+授课资源+考试系统+题库+教学辅助案例"的系列教学资源。教师可登录"传智高校教辅平台"免费使用。

2. 针对教学过程中存在的授课压力过大等问题，教师可添加"码大牛" QQ（2770814393），或者添加"码大牛"微信（18910502673），获取最新的教学辅助资源。

前　言　PREFACE

本书在编写的过程中，结合党的二十大精神进教材、进课堂、进头脑的要求，将知识教育与思想政治教育相结合，通过案例加深学生对知识的认识与理解，注重培养学生的创新精神、实践能力和社会责任感。案例设计从现实需求出发，激发学生的学习兴趣和动手思考的能力，充分发挥学生的主动性和积极性，增强学习信心和学习欲望。通过项目实战将所学内容全部串连起来，培养学生分析问题和解决问题的能力。在知识和案例中融入了素质教育的相关内容，引导学生树立正确的世界观、人生观和价值观，进一步提升学生的职业素养，落实德才兼备的高素质卓越工程师和高技能人才的培养要求。此外，编者依据书中的内容提供了线上学习资源，体现现代信息技术与教育教学的深度融合，进一步推动教育数字化发展。

PHP 是一种运行于服务器端并完全跨平台的嵌入式脚本编程语言，它具有开源、免费、易学易用、开发效率高等特点，是目前 Web 开发的主流语言之一。Laravel 是一款基于 PHP 语言开发的框架，它具有开源、代码简洁、语法优雅等特点，在 Web 开发领域非常受欢迎。

◆ 为什么要学习本书

本书面向具有 PHP 语言和 MySQL 数据库基础的人群，讲解如何使用 Laravel 框架开发网站。全书采用知识讲解为主、代码演示为辅的形式，以达到学用结合的效果，非常适合希望提升项目开发能力的读者。

本书按知识点的难易程度排列。在讲解每个知识点时，不仅会介绍基本概念，而且会将抽象的概念具体化，让读者明白这个知识点可以用来解决什么具体问题，并围绕知识点动手实践，使读者对书中所讲内容加深理解。最后，通过项目实战将所学内容全部串联起来，培养读者分析问题和解决问题的能力。

◆ 如何使用本书

本书共 8 章，下面分别对各章进行简要介绍。

• 第 1 章主要讲解什么是 Laravel 框架及开发环境的搭建。通过学习本章的内容，读者可对 Laravel 框架有初步的认识。

• 第 2 章主要讲解 Laravel 框架的基础知识，通过学习本章的内容，读者可以运用 Laravel 框架实现一些简单的案例。

• 第 3 章讲解表单安全和用户认证，通过学习本章的内容，读者可以在 Laravel 框架中处理安全相关的问题，减少程序的安全漏洞，并掌握 Session 机制、中间件和 Auth 认证等技术。

• 第 4 章讲解数据库操作，通过学习本章的内容，读者可以掌握如何在 Laravel 框架中对数据进行添加、修改、查询和删除等操作。

• 第 5 章讲解 Laravel 框架的常用功能，通过学习本章的内容，读者能了解 Laravel 框架的常用功能，并在实际开发中熟练运用这些功能。

• 第 6 章讲解 Web 前后端数据交互技术，通过"聊天室"案例对所学知识进行运用。

• 第 7 章和第 8 章讲解实战项目"内容管理系统"，主要分为后台和前台两部分。通过学习这两章，可以提升项目开发能力。本书在配套源代码中提供了该项目的完整代码，以方便读者参考和学习。

　　在学习过程中，读者一定要亲自动手实践本书中的案例，如果不能完全理解书中所讲知识，可以登录高校学习平台，通过平台中的教学视频进行深入学习。学习完一个知识点后，要及时在高校学习平台进行测试，以巩固学习内容。

　　另外，如果读者在理解知识点的过程中遇到困难，建议不要纠结于某个地方，可以先往后学习，通过逐渐地学习，前面不懂和疑惑的知识也就迎刃而解了。在学习的过程中，一定要多动手实践，如果在实践的过程中遇到问题，建议多思考，理清思路，认真分析问题发生的原因，并在问题解决后总结经验。

◆ 致谢

　　本书的编写和整理工作由江苏传智播客教育科技股份有限公司完成，主要参与人员有韩冬、王颖等，全体人员在近一年的编写过程中付出了很多辛勤的汗水，在此一并表示衷心的感谢。

◆ 意见反馈

　　尽管编者付出了最大的努力，但教材中难免会有疏漏和不妥之处，欢迎读者提出宝贵意见，编者将不胜感激。在阅读本书时，如发现任何问题或有不认同之处，可以通过电子邮件与编者取得联系。邮箱地址：itcast_book@vip.sina.com。

黑马程序员

2023 年 5 月于北京

目 录
CONTENTS

第 1 章

初识Laravel框架

在实际开发中，使用框架可以使开发者节省在底层代码花费的时间，将主要精力放在业务逻辑上，同时还能保证项目的可升级性和可维护性。市面上常见的 PHP 框架有很多，本书选择市面上非常流行的 Laravel 框架进行讲解。本章主要对 Laravel 框架的概念和开发环境的搭建等基础知识进行详细讲解。

1.1 什么是 Laravel 框架

Laravel 是泰勒·奥特威尔（Taylor Otwell）使用 PHP 语言开发的一款开源的 Web 应用框架，于 2011 年 6 月首次发布，自发布以来备受 PHP 开发人员的喜爱，其用户的增长速度迅猛。

Laravel 是一套简洁、优雅的框架，具有简洁且富于表达性的语法。Laravel 秉承 "Don't Repeat Yourself"（不要重复）的理念，提倡代码的重用。Laravel 还为开发大型应用提供了各种强大的支持功能，这些功能包括自动验证、路由、Session、缓存、数据库迁移等。

Laravel 框架具有以下特点。

（1）对外只提供一个入口，从而让框架统一管理项目的所有请求。

（2）采用 MVC（Model-View-Controller，模型–视图–控制器）设计模式，帮助团队更好地协同开发，为项目后期的维护提供方便。

（3）支持 Composer 依赖管理工具，可以为项目自动安装依赖包。

（4）采用 ORM（Object Relational Mapping，对象关系映射）方式操作数据库，并支持 AR（Active Record，活动记录）模式。

（5）注重代码的模块化和可扩展性。开发者可以通过 Laravel 组件库 Packalyst 找到想要添加的组件，组件库中目前大约有 15000 个程序包，可以满足大部分开发需求。

（6）自带各种方便的服务。Laravel 框架提供了开箱即用的用户身份验证功能和缓存系统，以帮助 Web 应用程序可以快速开发出相应的功能。

（7）具有路由功能。Laravel 框架通过路由分发每一个请求，并可以对请求进行分组。Laravel 框架的路由不是动态路由，所有访问的 URL 必须在路由的配置文件中进行定义，才可以解析到具体的控制器和方法中。

（8）提供 Artisan 命令行工具。Artisan 命令行是 Laravel 框架提供的一个比较实用的工具，可以帮助开发人员自动完成一些工作。使用 Artisan 命令行工具可以自动创建一个模型或一个控制器，还可以迁移数据库、查看路由等。

多学一招：MVC 设计模式

MVC 是施乐帕克研究中心（Xerox Palo Alto Research Center，Xerox PARC）在 20 世纪 80 年代为编程语言 Smalltalk-80 发明的一种软件设计模式，到目前为止，MVC 已经成为一种被广泛使用的软件开发模式。MVC 采用了人类分工协作的思维方法，将程序中的功能实现、数据处理和界面显示相分离，从而在开发复杂的应用程序时，开发者可以专注于其中的某个方面，进而提高开发效率和项目质量，便于代码的维护。

MVC 是模型（Model）、视图（View）和控制器（Controller）的英文单词首字母的缩写，它表示将软件系统分成 3 个核心部件，分别用于处理各自的任务，具体如下。

（1）模型（Model）：负责数据操作，主要用来操作数据库。通常情况下，一个模型对应一张数据表。

（2）视图（View）：负责渲染视图，主要用于展示界面。

（3）控制器（Controller）：负责所有业务的处理。通常情况下，一个控制器只处理一类业务。例如，用户控制器实现用户注册登录功能；订单控制器实现订单的生成等功能。

1.2　搭建开发环境

无论是在学习还是在工作中，开发环境的不同可能会产生很多不必要的问题。为了保证项目的稳定运行，在开始使用 Laravel 之前，应先进行开发环境的搭建。Laravel 常见的开发环境有 WAMP 环境和 LAMP 环境。WAMP 环境是由 Windows 操作系统、Apache HTTP 服务器、MySQL 数据库和 PHP 软件组成的环境，而 LAMP 环境是将操作系统换成了 Linux 系统，其他软件与 WAMP 环境相同。考虑到大部分初学者更习惯使用 Windows 系统，本节将基于 Windows 系统来讲解如何搭建 WAMP 环境。

1.2.1　Apache 安装与配置

Apache HTTP Server（简称 Apache）是 Apache 软件基金会发布的一款 Web 服务器软件，它具有开源、跨平台和安全等特点，已被广泛应用。目前 Apache 的主流版本为 2.2 和 2.4，本书以 Apache 2.4 为例，讲解 Apache 软件的安装步骤。

1. 获取 Apache 并解压到指定目录

在 Apache 官方网站上提供了软件源代码的下载链接，但是没有提供编译后的软件下载链接，可以从其他网站中获取编译后的软件。这里以 Apache Lounge 网站编译的版本为例，在网站中找到 httpd-2.4.38-win32-VC15.zip 这个版本并下载。由于版本仍然在更新，读者下载到的可能是 Apache 2.4.x 的最新版本，选择较新的版本并不会影响学习。

> **小提示：**
>
> VC15 是指该软件使用 Microsoft Visual C++ 2017 运行库进行编译，在安装 Apache 前需要先在 Windows 系统中安装此运行库。在 Apache Lounge 提供的下载页面中已经给出了运行库的下载链接，读者也可以从 Microsoft 官方网站中获取下载链接。

接下来，打开 httpd-2.4.38-win32-VC15.zip 压缩包，将里面的 Apache24 目录中的文件解压出来，解压到 C:\web\apache2.4 文件夹作为 Apache 的安装目录，如图 1-1 所示。

图 1-1　Apache 安装目录

2. 配置 Apache

将 Apache 解压完成后，需要修改一下配置文件才可以使用，具体步骤如下。

（1）使用代码编辑器打开 Apache 的配置文件 conf\httpd.conf，找到第 37 行配置，具体如下：

```
Define SRVROOT "C:/Apache24"
```

将上述配置中的路径 C:/Apache24 修改为当前路径 C:/web/apache2.4。需要注意的是，配置文件中的路径分隔符使用"/"，而不是"\"，这是为了避免"\"被解析成转义字符。

另外，读者也可以将 Apache 安装到其他目录下，将上述路径指向实际安装目录即可。

（2）配置服务器域名。在 Apache 配置文件中搜索 ServerName，找到下面一行配置。

```
#ServerName www.example.com:80
```

上述配置中，开头的"#"表示注释符，需要删除该符号使配置生效。其中，www.example.com
是一个示例域名，由于是测试环境，不需要指定域名，此处使用示例域名也不会出错。也可以将
其更改为本机地址，如 127.0.0.1 或 localhost。

3. 安装 Apache

在"开始"菜单中搜索命令行工具 cmd，找到该工具后，右击，在弹出的菜单中选择"以管
理员身份运行"命令。然后在 cmd 中执行如下命令，将当前目录切换到 Apache 的 bin 目录。

```
C:\WINDOWS\system32> cd C:\web\apache2.4\bin
```

切换成功后，输入以下命令开始安装。

```
C:\web\apache2.4\bin> httpd -k install -n Apache2.4
```

在上述命令中，httpd 是 Apache 的服务程序 httpd.exe；-k install 表示将 Apache 安装为 Windows
系统的服务项；-n Apache2.4 表示将 Apache 服务的名称设置为 Apache2.4，要注意该名称不能与其
他系统服务名称重复，否则会安装失败。

▌ 小提示：

在安装 Apache 时，读者也可省略"-n Apache2.4"选项，此时 Apache 会自动生成一个服务名
称。另外，若需卸载 Apache 服务，使用"httpd -k uninstall -n 服务名称"命令直接卸载即可。

4. 启动 Apache 服务

打开 Apache 提供的 bin\ApacheMonitor.exe 服务监视工具，在 Windows 系统任务栏右下角状态
栏会出现小图标，单击该图标会弹出控制菜单，可以选择 Start（启动服务）、Stop（停止服务）或
Restart（重启服务）命令。此时选择"Start"命令，等待图标由红色变为绿色表示启动成功。

5. 访问测试

通过浏览器访问本机站点 http://localhost，如果看到如图 1-2 所示的画面，说明 Apache 正
常运行。

图 1-2　在浏览器中访问 localhost

图 1-2 所示的"It works！"是 Apache 默认站点下的首页，即 htdocs\index.html 这个网页的显
示结果。读者也可以将其他网页放到 htdocs 目录下，然后通过"http://localhost/网页文件名"进

行访问。

1.2.2　PHP 安装与配置

安装完 Apache 之后，便可以安装 PHP 了。在 Windows 中，PHP 有两种安装方式：第一种方式是使用 CGI 应用程序；第二种方式是作为 Apache 模块使用。其中，第二种方式较为常见，故选择第二种方式进行讲解。

1. 获取并解压 PHP

打开 PHP 官方网站，获取与 Apache 搭配的线程安全（Thread Safe）最新版本 php-7.2.15-Win32-VC15-x86.zip，然后将其解压到 C:\web\php7.2 目录下，如图 1-3 所示。

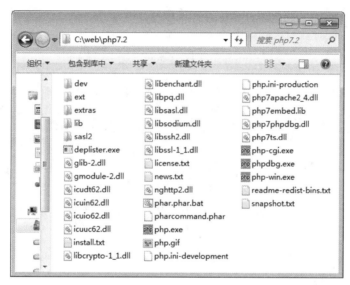

图 1-3　PHP 安装目录

2. 创建 php.ini 配置文件

PHP 提供了开发环境配置模板 php.ini-development 和生产环境配置模板 php.ini-production，在 PHP 的学习阶段，推荐选择开发环境的配置模板。在 PHP 安装目录下复制一份 php.ini-development 文件，并重命名为 php.ini，将该文件作为 PHP 的配置文件。

3. 在 Apache 中引入 PHP 模块

打开 Apache 配置文件 C:\web\apache2.4\conf\httpd.conf，在第 185 行（前面有一些 LoadModule 配置）的位置将 PHP 中的 Apache 2.4 模块引入，具体配置如下：

```
1  LoadModule php7_module "C:/web/php7.2/php7apache2_4.dll"
2  <FilesMatch "\.php$">
3     setHandler application/x-httpd-php
4  </FilesMatch>
5  PHPIniDir "C:/web/php7.2"
6  LoadFile "C:/web/php7.2/libssh2.dll"
```

在上述配置中，第 1 行表示加载 PHP 中提供的 Apache 模块；第 2~4 行用于匹配以 .php 为扩展名的文件，将其交给 PHP 来处理；第 5 行用于指定 PHP 的配置文件 php.ini 的文件夹路径；第 6 行表示加载 PHP 目录中的 libssh2.dll 文件，用于确保 PHP 的 cURL 扩展能够正确加载。

4. 测试 PHP 是否安装成功

修改 Apache 配置文件后，需要重新启动 Apache 服务，才能使配置生效。为了检查 PHP 是否安装成功，可在 Apache 的 Web 站点目录 htdocs 下创建一个 test.php 文件，并在文件中添加以下内容。

```php
<?php
    phpinfo();
?>
```

然后使用浏览器访问地址 http://localhost/test.php，如果看到如图 1-4 所示的 PHP 配置信息，说明上述配置成功。否则，需要检查上述配置操作是否有误。

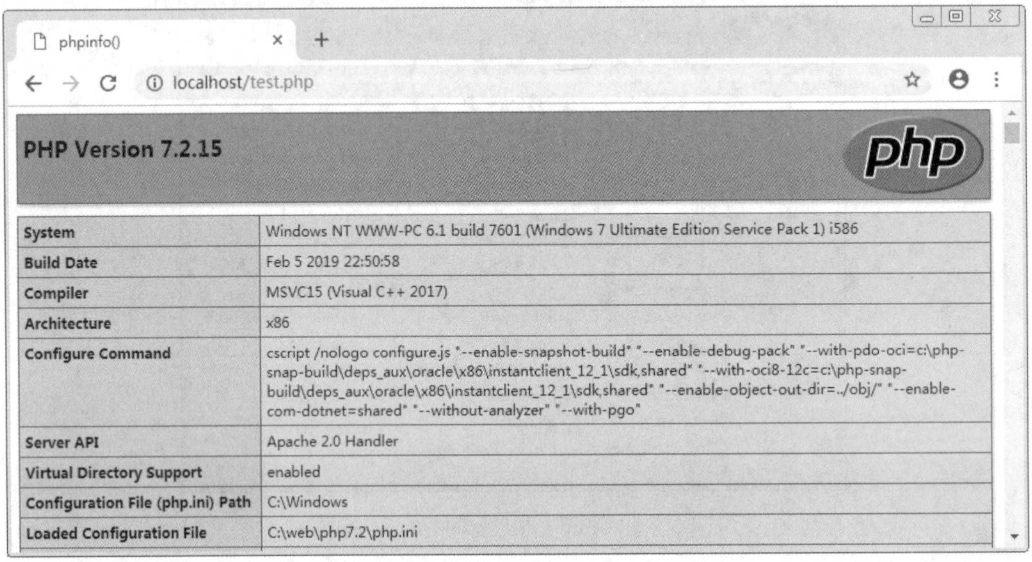

图 1-4   PHP 配置信息

5. 开启常用的 PHP 扩展

在 PHP 的安装目录中，ext 目录保存的是 PHP 的扩展。在 PHP 安装完成后，默认情况下大部分扩展是关闭的，用户可以根据情况手动打开扩展。下面讲解如何开启项目开发中常用的 PHP 扩展。

（1）在 php.ini 中搜索文本 extension_dir，找到下面一行配置。

```
; extension_dir = "ext"
```

删除这行配置前的 ";" 以取消注释，并修改成 PHP 扩展的文件夹路径，具体代码如下：

```
extension_dir = "c:/web/php7.2/ext"
```

（2）搜索 ";extension=" 可以查看载入扩展的配置，其中 ";" 表示该行配置是注释，只有删去 ";" 才可以使配置生效。需要开启的扩展具体如下：

```
extension=curl
extension=gd2
extension=openssl
```

在上述扩展中，curl 扩展常用于 PHP 发送网络请求，在微信接口开发中会用到；gd2 是指 gd 扩展的第 2 版，常用于图像处理，如创建缩略图、裁剪图片、制作验证码图片等；openssl 扩展常用于加密和解密，后续在安装 Composer 时需要确保此扩展已经开启。

（3）保存配置文件后，重启 Apache 服务使配置生效，然后在 phpinfo 中可以看到这些扩展的信息。例如，在浏览器中按 "Ctrl+F" 组合键，输入 "curl" 进行搜索，找到 curl 扩展的信息，如图 1-5 所示。

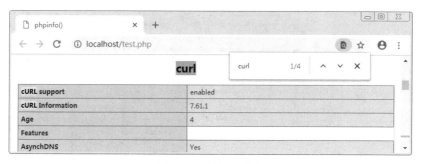

图 1-5　curl 扩展的信息

6. 配置索引页

索引页是指当访问一个目录时，自动打开哪个文件作为索引。例如，访问 http://localhost 这个地址实际上访问的是 http://localhost/index.html，这是因为 index.html 是默认索引页，可以省略索引页的文件名。

在 Apache 配置文件 conf\httpd.conf 中搜索 DirectoryIndex，可以查看索引页的相关配置，具体代码如下：

```
<IfModule dir_module>
    DirectoryIndex index.html
</IfModule>
```

上述第 2 行的 index.html 是默认索引页，需要将 index.php 也添加为默认索引页，具体代码如下：

```
<IfModule dir_module>
    DirectoryIndex index.html index.php
</IfModule>
```

上述配置表示在访问目录时，先检测是否存在 index.html，如果存在，则显示，否则就继续检查是否存在 index.php。如果一个目录下不存在索引页文件，默认情况下 Apache 会自动列出该目录下的文件列表。对于生产环境的服务器，如果没有特殊需求，一般会关闭文件列表功能，从而提高服务器的安全性。如果不希望 Apache 列出文件列表，可以在 <Directory> 配置中通过 Options -indexes 关闭，关闭后 Apache 会使用 403 错误页面代替文件列表。关于 <Directory> 配置会在 1.2.4 节中具体介绍。

1.2.3　MySQL 安装与配置

MySQL 数据库是开放源码的关系型数据库管理系统。因其具有跨平台性、可靠性、适用性、开源性和免费等特点，一直被认为是 PHP 的最佳搭档。下面将讲解如何安装与配置 MySQL。

1. 获取并解压 MySQL

打开 MySQL 的官方网站，获取 MySQL 社区版（Community）的 ZIP 压缩包 mysql-5.7.24-win32.zip，然后将其解压到 C:\web\mysql5.7 目录下，如图 1-6 所示。

图 1-6　MySQL 安装目录

2. 安装 MySQL

以管理员身份运行命令行工具，输入以下命令开始安装。

```
C:\WINDOWS\system32> cd C:\web\mysql5.7\bin
C:\web\mysql5.7\bin> mysqld -install mysql5.7
```

在上述命令中，"mysqld" 是 MySQL 的服务程序 mysqld.exe；"-install" 表示安装；"mysql5.7" 是服务名称。安装成功后，如需卸载，将上述命令中的 "-install" 改为 "-remove" 再执行即可。

3. 创建 MySQL 的配置文件

创建配置文件 C:\web\mysql5.7\my.ini，在配置文件中指定 MySQL 的安装目录（basedir）、数据库文件的保存目录（datadir）和端口号（port）。具体配置内容如下：

```
[mysqld]
basedir=C:/web/mysql5.7
datadir=C:/web/mysql5.7/data
port=3306
```

4. 初始化数据库

创建 my.ini 配置文件后，数据库文件保存目录 C:\web\mysql5.7\data 还没有创建。下面需要通过 MySQL 的初始化功能，自动创建数据库文件保存目录，具体命令如下：

```
C:\web\mysql5.7\bin> mysqld --initialize-insecure
```

在上述命令中，--initialize 表示初始化数据库；-insecure 表示忽略安全性。当省略 "-insecure" 时，MySQL 将自动为默认用户 root 生成一个随机的复杂密码，而加上 "-insecure" 时，默认用户 root 的密码为空。自动生成的密码输入比较麻烦，因此这里选择忽略安全性。

5. 启动 MySQL 服务

以管理员身份运行命令行工具，输入如下命令启动名称为 mysql5.7 的服务。

```
C:\web\mysql5.7\bin> net start mysql5.7
```

如需停止 mysql5.7 服务，可以执行如下命令。

```
C:\web\mysql5.7\bin> net stop mysql5.7
```

6. 登录 MySQL 服务器

在命令行工具中，登录 MySQL 服务器，具体命令如下：

```
C:\web\mysql5.7\bin> mysql -u root
```

在上述命令中，mysql 表示运行当前目录（C:\web\mysql5.7\bin）下的 mysql.exe；-u root 表示以用户 root 的身份登录，其中，"-u" 和 "root" 之间的空格可以省略。

成功登录 MySQL 服务器后，其运行效果如图 1-7 所示。

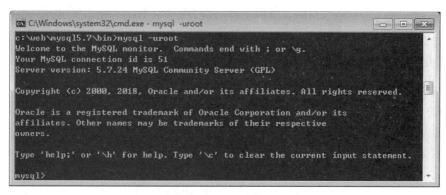

图 1-7　登录 MySQL 数据库后的运行效果

如果需要退出 MySQL，可以直接使用 "exit" 或 "quit" 命令退出登录。

7. 设置用户密码

为了保护数据库的安全，需要为登录 MySQL 服务器的用户设置密码。下面以设置用户 root 的密码为例，登录 MySQL 后，执行如下命令即可。

```
mysql> ALTER USER 'root'@'localhost' IDENTIFIED BY '123456';
```

上述命令表示为 "localhost" 主机中的用户 "root" 设置密码，密码为 "123456"。设置密码后，重新登录时就需要输入刚才设置的密码。

在登录有密码的用户时，需要使用的命令如下：

```
C:\web\mysql5.7\bin> mysql -uroot -p123456
```

在上述命令中，"-p123456" 表示使用密码 "123456" 进行登录。如果在登录时不希望密码被直接看到，可以省略 "-p" 后面的密码，然后按 "Enter" 键，命令行中会提示输入密码，此时输入的密码会被显示为 "*"。

1.2.4　配置虚拟主机

在本地环境进行项目开发时，经常需要部署多个网站，每个网站可以用对应的域名来访问，可以通过 Apache 的虚拟主机功能来实现这样的效果。Apache 虚拟主机的具体配置步骤如下。

（1）配置域名。由于申请真实域名比较麻烦，为了便于学习和测试，可以更改操作系统的 hosts 文件，实现将任意域名解析到指定 IP 地址。在操作系统中，hosts 文件用于配置域名与 IP 地址之间的解析关系，当请求域名在 hosts 文件中存在解析记录时，可直接使用该记录，只有当不存在解析记录时，才通过 DNS 域名解析服务器进行解析。

以管理员身份运行命令行工具，输入如下命令打开 hosts 文件。

```
C:\WINDOWS\system32> notepad drivers\etc\hosts
```

上述命令表示用记事本（notepad）打开 hosts 文件。将文件打开后，在文件的最底部添加如下一行内容。

```
127.0.0.1 laravel.test
```

经过上述配置后，就可以在浏览器上通过 http://laravel.test 来访问本机的 Web 服务器，这种方式只对本机有效。由于当前还没有配置虚拟主机，此时用 http://laravel.test 访问的是 Apache 的默认主机。

（2）启用虚拟主机辅配置文件。在 Apache 的 conf\extra 目录中有一些辅配置文件，这些文件是 httpd.conf 的扩展文件，用于将一部分配置抽取出来，以便于修改。打开 httpd.conf 文件，找到如下所示的一行配置，删除前面的"#"即可启用虚拟主机辅配置文件。

```
#Include conf/extra/httpd-vhosts.conf
```

（3）配置虚拟主机。打开 conf\extra\httpd-vhosts.conf 辅配置文件，可以看到 Apache 提供的默认配置，具体如下：

```
<VirtualHost *:80>
    ServerAdmin webmaster@dummy-host.example.com
    DocumentRoot "c:/Apache24/docs/dummy-host.example.com"
    ServerName dummy-host.example.com
    ServerAlias www.dummy-host.example.com
    ErrorLog "logs/dummy-host.example.com-error_log"
    CustomLog "logs/dummy-host.example.com-access_log" common
</VirtualHost>
```

上述配置中，第 1 行的"*:80"表示该主机通过 80 端口访问；ServerAdmin 是管理员邮箱地址；DocumentRoot 是该虚拟主机的文档目录；ServerName 是虚拟主机的域名；ServerAlias 用于配置多个域名别名（用空格分隔）；ErrorLog 是错误日志；CustomLog 是访问日志，其后的 common 表示日志格式为通用格式。

上述默认配置本书中用不到，直接删除即可，也可以全部加上"#"注释起来，以便于参考。然后编写读者自己的虚拟主机配置，具体如下：

```
1   <VirtualHost *:80>
2       DocumentRoot "c:/web/apache2.4/htdocs"
3       ServerName localhost
4   </VirtualHost>
5   <VirtualHost *:80>
6       DocumentRoot "c:/web/www/laravel/public"
7       ServerName laravel.test
8   </VirtualHost>
9   <Directory "c:/web/www">
10      Options -indexes
11      AllowOverride All
```

```
12    Require local
13 </Directory>
```

上述配置实现了两个虚拟主机，分别是 localhost 和 laravel.test，并且这两个虚拟主机的站点目录指定在不同的路径下。第 9～13 行用于配置 c:/web/www 路径的访问权限。其中，第 10 行用于关闭文件列表功能；第 11 行用于开启分布式配置文件，开启后会自动读取目录下的 .htaccess 文件中的配置；第 12 行用于配置目录访问权限，设为 Require local 表示只允许本地访问，若允许所有访问，可设为 Require all granted，若拒绝所有访问，可设为 Require all denied。

（4）编写测试文件。创建 C:\web\www\laravel\public 目录，并在目录中编写一个内容为 Laravel 的 index.html 网页。然后重启 Apache 服务使配置生效，使用浏览器进行访问测试，localhost 和 laravel.test 这两个虚拟主机的页面效果如图 1-8 所示。

 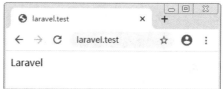

图 1-8　访问虚拟主机后的页面效果

1.2.5　安装 Composer 依赖管理工具

Composer 是 PHP 用来管理依赖（Dependency）关系的工具。开发人员只要在项目中声明依赖的外部工具库，Composer 就会自动安装这些依赖的库文件。

在 Composer 的官方网站可以下载 Composer 工具。对于 Windows 用户来说，有两种方式安装 Composer：一种是使用安装程序安装，另一种是使用命令行安装。本书选择使用安装程序的安装方式，只需下载并运行 Composer-Setup.exe，根据安装向导的提示安装即可。

Composer 的安装过程主要分为 4 步，具体如下。

（1）是否使用开发者模式（Developer Mode）。若选中此项，则不提供卸载功能，推荐不选中。

（2）选择 PHP 命令行程序。单击 "Browse" 按钮浏览文件，选择 C:\web\php7.2\php.exe 即可。

（3）更新 php.ini。若当前 php.ini 不符合 Composer 的环境需求，安装程序会提示修改 php.ini，并创建备份文件；若 php.ini 符合需求，则该步骤会自动跳过。

（4）填写代理服务器。无须使用，留空即可。

安装成功后，Composer 会自动添加环境变量，具体如下：

```
# 系统变量路径
C:\web\php7.2                                          # PHP 安装目录
C:\ProgramData\ComposerSetup\bin                      # Composer 的可执行文件目录
# 用户变量路径
C:\Users\用户名\AppData\Roaming\Composer\vendor\bin   # 全局依赖包的可执行文件目录
```

添加环境变量后，打开新的命令行窗口，使用 composer 命令来测试 Composer 是否安装成功，如果看到如下结果，说明 Composer 安装成功。

```
Composer version 1.10.9 2020-07-16 12:57:00
……（由于输出结果很长，此处省略后面的内容）
```

1.2.6　安装 Visual Studio Code 编辑器

Visual Studio Code（简称 VS Code）是微软公司开发的一款代码编辑器，具有免费、开源、轻量级、高性能、跨平台等特点。

在 VS Code 官方网站可以获取该软件的下载链接。将 VS Code 安装完成后，启动编辑器，主界面如图 1-9 所示。

图 1-9　VS Code 编辑器的主界面

VS Code 安装后，默认的主题为黑色背景，若想更换主题，单击左下角齿轮形状的"Manage"（管理）按钮，在弹出的菜单中选择"Color Theme"（颜色主题）→"Light+ (default light)"命令，即可实现与图 1-9 相同的效果。VS Code 默认语言为英文，若想切换为中文，单击左边栏的第 5 个按钮"Extensions"（扩展）按钮，然后输入关键词"chinese"即可找到中文语言扩展，单击"Install"按钮安装即可。

在如图 1-9 所示的主界面中，单击"打开文件夹"按钮，选择 C:\web\www\laravel 目录，即可进入代码编写环境。然后在左侧"资源管理器"中选择 public\index.html 进行编辑，如图 1-10 所示。

图 1-10　编辑 public\index.html

在图 1-10 中，资源管理器右侧是代码编辑区域，标签页 index.html 的字体显示为斜体，在这个状态下，当切换到其他文件进行编辑时，会替代当前的标签页。若代码发生了修改，或双击这个标签页的标题，则会看到 index.html 字体取消加粗，该标签页将不会被替代。

代码编辑区域的下半部分是"终端"面板，该面板可通过选择菜单栏中的"查看"→"终端"命令，或单击编辑器左下角的" ⊗ 0 ⚠ 0 "按钮进行显示或隐藏。在"终端"面板中可以很方便地输入命令并执行。

1.3　安装 Laravel 框架

在完成开发环境的搭建后，本节将讲解如何安装 Laravel 框架。本书基于 Laravel 5.8 版本进行讲解，该版本要求运行环境的 PHP 版本必须不低于 7.1.3。本书安装的 PHP 版本是 7.2，所以使用此版本可以运行 Laravel 5.8。

1.3.1　开启必要的扩展

在安装 Laravel 框架前，需要确保在 php.ini 中打开必要的扩展，具体扩展如下：

```
extension=openssl
extension=pdo_mysql
extension=mbstring
```

上述扩展中，在安装 PHP 时已经将 openssl 扩展开启，现在要开启另外两个扩展，只需删除开头的";"取消注释即可。

另外，运行 Laravel 框架还需要一些 PHP 内建扩展的支持，这些扩展在当前安装的 PHP 版本中已经默认启用。使用"php -m"命令可以检查是否开启了这些扩展，具体如下：

```
bcmath
ctype
json
tokenizer
xml
```

1.3.2　使用 Composer 安装 Laravel 框架

在 Laravel 官方网站中可以找到 Laravel 5.8 的开发手册。开发手册中介绍了 Laravel 5.8 的两种安装方式：一种是通过 Laravel 安装器进行安装，另一种是通过 Composer 安装。由于前面已经安装过 Composer，因此这里选择使用 Composer 来安装。

将 C:\web\www 目录下的 laravel 文件夹删除，在 VS Code 编辑器中打开 C:\web\www 目录，确保该目录为空。然后打开终端，执行如下命令，开始安装 Laravel。

```
composer create-project --prefer-dist laravel/laravel laravel 5.8.*
```

在上述命令中，create-project 表示创建项目；--prefer-dist 表示以压缩的方式下载，可以提高下载速度；laravel/laravel 是 Laravel 在 Composer 的默认包仓库网站中的包名；laravel 表示将框架下载到 laravel 目录中；5.8.*是版本号，表示安装 5.8 系列的最新版本。

▌ **小提示：**

由于 Composer 的资源库 packagist 是国外网站，在国内访问速度会很慢，也很有可能被防火墙阻拦或直接显示不存在，此时可以执行以下的命令从"Packagist 中国全量镜像"获取缓存的数据，进而达到加速的目的。

```
composer config -g repo.packagist composer https://packagist.phpcomposer.com
```

执行上述命令后，如果需要取消，则执行如下命令即可。

```
composer config -g --unset repos.packagist
```

Laravel 成功安装后，其效果如图 1-11 所示。

图 1-11　安装的 Laravel 框架效果

在图 1-11 中，通过左侧的资源管理器可以看到 Laravel 的目录结构。

另外，在已经安装完 Laravel 框架后，如果希望更新框架，可以使用如下命令来升级。

```
composer update laravel/framework
```

上述命令执行后，会更新框架至最新版本。

下面访问 http://laravel.test，如果看到如图 1-12 所示的结果，说明 Laravel 安装成功。

图 1-12　Laravel 访问结果

1.4　Laravel 框架的目录结构

Laravel 框架安装完成后，会在 C:\web\www\laravel 目录下自动创建一些文件和目录。为了方便后面的学习，下面来了解一下框架中各个目录的作用。

Laravel 框架一级目录的作用如表 1-1 所示。

表 1-1　Laravel 框架一级目录的作用

目录	作用
app	应用目录，保存项目中的控制器、模型等
bootstrap	保存框架启动的相关文件
config	配置文件目录
database	数据库迁移文件和数据填充文件
public	应用入口文件 index.php 和前端资源文件（如 CSS、JavaScript 等）
resources	存放视图文件、语言包和未编译的前端资源文件
routes	存放应用中定义的所有路由
storage	存放编译后的模板、Session 文件、缓存文件、日志文件等
tests	自动化测试文件
vendor	存放通过 Composer 加载的依赖

在熟悉了一级目录的作用后，下面来看一下 Laravel 框架常用的子目录和文件的作用，如

表 1-2 所示。

表 1-2   Laravel 框架常用的子目录和文件的作用

类型	路径	作用
目录	app\Http	存放 HTTP 请求相关的文件
目录	app\Http\Controllers	存放控制器文件
目录	app\Http\Controllers\Auth	Auth 模块的控制器目录
文件	app\Http\Controllers\Controller.php	控制器的基类文件
目录	app\Http\Middleware	中间件目录
文件	app\User.php	User 模型文件
文件	bootstrap\autoload.php	自动加载文件
文件	config\app.php	全局配置文件
文件	config\auth.php	Auth 模块的配置文件
文件	config\database.php	数据库配置文件
文件	config\filesystem.php	文件系统的配置文件
目录	database\factories	存放工厂模式的数据填充文件
目录	database\migrations	存放数据库迁移文件
目录	database\seeds	存放数据填充器文件
目录	resources\lang	存放语言包文件
目录	resources\views	存放视图文件
文件	routes\web.php	定义路由的文件
目录	storage\app	存放用户上传的文件
目录	storage\framework	存放与框架自身相关的文件
目录	storage\logs	存放日志文件
文件	public\index.php	入口文件
文件	.env	环境变量配置文件
文件	artisan	脚手架文件
文件	composer.json	Composer 依赖包配置文件

本章小结

本章先介绍了什么是 Laravel 框架；然后，为了确保读者的开发环境与本书一致，讲解了开发环境的搭建步骤，完成了 Apache、PHP 和 MySQL 的安装与配置、虚拟主机的配置，以及 Composer 依赖管理工具和 Visual Studio Code 编辑器的安装；最后，讲解了如何安装 Laravel 框架，并对 Laravel 框架的目录结构进行了简要介绍，为读者后续深入学习 Laravel 框架做了铺垫。

课后练习

一、填空题

1. MySQL 的配置文件为_____。

2. _____是 PHP 用来管理依赖关系的工具。

3. PHP 的安装目录中_____目录保存的是 PHP 的扩展。

4. 在命令行中，执行_____命令可卸载名称为 Apache 的服务。

5. 若 Apache 安装在 C:\web\Apache 目录中，则配置文件 httpd.conf 所在的目录是_____。

二、判断题

1. Composer 可以通过安装程序和命令行进行安装。（　　　）

2. 生产环境中需要谨慎操作 Apache 的配置文件，因为 Apache 的配置修改后会立即生效。（　　　）

3. 安装 Laravel 框架时 PHP 版本必须不低于 7.2。（　　　）

4. MySQL 默认使用的端口号是 80。（　　　）

5. Apache 中的 httpd-vhosts.conf 配置文件用于配置虚拟主机。（　　　）

三、选择题

1. 以下关于 Laravel 框架的说法不正确的是（　　　）。

A. Laravel 是基于 MVC 设计模式的免费开源 "PHP 框架"

B. Laravel 采用单入口和 MVC 的设计思想

C. 它可以通过手动设置路由和根据 URL 找到控制器与操作进行访问

D. 可以通过 Composer 进行安装

2. 以下关于使用 Laravel 框架的描述错误的是（　　　）。

A. 要求 PHP 版本必须不低于 7.2

B. 采用 Eloquent ORM 和 Active Record 模式

C. 内置命令行工具 Artisan，用于创建代码框架

D. Laravel 可提高代码重用性，并可轻松创建具有动态内容的布局

3. 以下关于 Apache 的说法正确的是（　　　）。

A. Apache 是一款 Web 服务器软件

B. Apache 具有开源、跨平台和安全性等特点

C. Apache 通过下载源码包进行安装

D. 以上选项都正确

4. 在 Apache 中（　　　）用于加载 PHP 模块。

A. FilesMatch　　　　B. LoadModule　　　　C. PHPIniDir　　　　D. 以上选项都不正确

5. 以下关于 PHP 的安装说法正确的是（　　　）。

A. PHP 安装包解压后无须配置直接就能运行 PHP 脚本

B. 在 PHP 安装后会自动生成 php.ini 配置文件

C. PHP 有两种安装方式，分别是 CGI 安装和作为 Apache 的模块使用

D. 修改 PHP 的配置直接就能生效

四、简答题

1. 请简述什么是 Laravel 框架。

2. 请简述配置虚拟主机的过程。

第 2 章

路由、控制器和视图

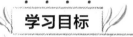

学习目标

★ 掌握路由的使用方法，能够在框架中配置不同形式的路由。

★ 掌握控制器的定义和使用，能够熟练使用控制器处理请求。

★ 掌握视图的定义和使用，能够处理复杂的页面渲染需求。

在学习了第1章的内容后，读者已经掌握了开发环境的搭建和Laravel框架的安装，也对Laravel框架有了初步的了解。但是这些初步的了解对于使用Laravel框架进行项目开发来说还是远远不够的，因此，需要进一步学习Laravel框架的基础知识，学会使用Laravel框架开发一些简单的功能。本章将对Laravel框架的路由、控制器和视图进行详细讲解。

2.1 路由

Laravel中的路由用来匹配用户请求的URL地址，开发人员需要先在路由配置文件中定义路由，然后再由Laravel根据用户的请求进行解析。本节将对Laravel中的路由的使用进行详细讲解。

2.1.1 什么是路由

在网络通信中，"路由"是一个网络层面的术语，它是指从某一网络设备出发去往某个目的地的路径。在网站开发中，路由的本质就是一种对应关系，例如，在浏览器地址栏中输入要访问的URL地址后，浏览器要去请求这个URL地址对应的资源。那么URL地址和真实的资源之间就存在一种对应关系，这就是路由。路由的工作流程如图2-1所示。

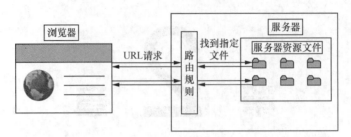

图 2-1　路由的工作流程

在图 2-1 中，用户在浏览器中输入要访问的 URL 后，通过路由规则，服务器可以找到对应的资源文件，并在处理后返回给浏览器，最终展示给用户。

2.1.2　配置路由

Laravel 框架的路由需要在 routes\web.php 文件中进行配置，将该文件打开后，会看到里面已经添加了一个路由配置，具体代码如下：

```
1  Route::get('/', function () {
2      return view('welcome');
3  });
```

上述代码用来配置 Laravel 中的默认根路由，根路由一般表示网站的首页，其匹配的路径为 "/"，表示当用户访问 http:// laravel.test 时，自动打开一个初始页面。

view()函数表示要显示的视图，参数 "welcome" 是视图文件的名称，对应的视图文件为 resources\views\welcome.blade.php。该文件是使用 Blade 模板引擎（Laravel 自带的模板引擎）语法编写的 HTML 模板，关于视图的使用会在后面的章节进行介绍。

在上述路由规则中，使用 Route::get()静态方法来定义路由，get 是路由的请求方式。定义路由的完整语法格式如下：

```
Route::请求方式('请求 URI', 匿名函数或控制器相应的方法)
```

在上述语法中，请求方式可以是 get、post、put、patch、delete 和 options，其中，get 和 post 是最常用的方式，get 方式是直接请求 URL 时默认使用的方式，post 是提交表单时常用的方式。其他几种方式常用于开发服务器接口（如 RESTful API），在普通的网站开发中比较少见。

"请求 URI" 可以简单理解为在一个完整 URL 地址中查询从域名后面的 "/" 开始到 "?" 之间的字符串。下面通过一些常见的 URL 地址进行演示，如表 2-1 所示。

表 2-1　请求 URI 示例

完整 URL	请求 URI
http:// laravel.test/	/
http:// laravel.test/hello/123	/hello/123
http:// laravel.test/hello/456?a=1	/hello/456

下面通过代码演示路由的定义，在路由文件中新增如下代码，用来匹配"/hello"。

```
1  Route::get('/hello', function () {
2      return 'hello';            // 返回一个字符串给浏览器，方便测试
3  });
```

在请求 URI 中，最前面的"/"可以省略，如将上述代码中的"/hello"修改为"hello"，则运行结果不变。

通过浏览器访问 http://laravel.test/hello，其运行结果如图 2-2 所示。

图 2-2　路由访问代码运行结果

需要注意的是，如果请求方式或 URI 在路由中无法匹配，Laravel 会报错。因此，在 Laravel 中创建任何请求的方法前，都需要先定义路由。

在 Route 类中还提供了 match( )和 any( )这两个静态方法，match( )用于在一个路由中同时匹配多个请求方式，any( )用于在一个路由中匹配任意请求方式。示例代码如下：

```
1  // 同时匹配 get 和 post 请求方式
2  Route::match(['get', 'post'], 'test1', function () {
3      return '通过 match()匹配';
4  });
5  // 匹配任意请求方式
6  Route::any('test2', function () {
7      return '通过 any()匹配';
8  });
```

2.1.3　路由参数

Laravel 允许在请求 URI 中传递一些动态的参数，称为路由参数。通过路由参数可以传递一些请求的信息，如 id。在传统的 PHP 开发中，id 通常使用查询字符串（Query String）来传递，这种方式的 URL 不太美观，如"http://.../find?id=1"；而采用路由参数方式的 URL 更加美观，如"http://.../find/1"，这种方式是将 id 值"1"直接写在请求 URI 中。

下面通过代码演示如何使用路由参数。示例代码如下：

```
1  Route::get('find/{id}', function ($id) {
2      return '输入的 id 为' . $id;
3  });
```

在上述代码中，路由参数是通过"{参数名}"的形式来进行传递的，该参数名与回调函数中的参数$id 是对应的，获取到的参数值会保存在$id 中。

路由参数分为必选参数和可选参数，必选参数的语法为"{参数名}"，而可选参数的语法为"{参数名?}"。下面通过代码演示可选参数的使用。示例代码如下：

```
1  Route::get('find2/{id?}', function ($id = 0) {
2     return '输入的 id 为' . $id;
3  });
```

在上述代码中，"{id?}" 表示它是一个可选参数。在设置可选参数后，需要为回调函数的参数 $id 设置一个默认值，此处 "$id = 0" 表示使用 0 作为默认值。如果没有为 $id 设置默认值，在省略可选参数时会报错。

▌▌小提示：

在 Laravel 框架的项目中仍然可以使用查询字符串传递 URL 参数，通过 $_GET 来获取即可，这是 PHP 自带的功能。

2.1.4　重定向路由

重定向路由用于实现页面跳转。如果要定义重定向路由，可以使用 Route::redirect() 方法，这个方法可以快速实现重定向，而不需要定义完整的路由。其语法格式如下：

```
Route::redirect('请求 URI', '重定向 URI' [,'状态码']);
```

在上述语法中，redirect 用来实现路由重定向，其中，状态码是可选参数，如果未定义，默认返回的状态码是 302。

下面通过代码演示重定向路由的定义，在路由文件中新增如下代码。

```
Route::redirect('/hello', '/');
```

上述代码中，将路由 "hello" 重定向到 "/"，在浏览器中访问 "http://laravel.test/hello" 时会直接跳转到欢迎页面。

2.1.5　路由别名

路由别名用于在定义路由的时候，为路由起一个别名。设置别名后，当在其他地方用到这个路由地址时（如模板中的各种超链接），可以不用书写原来的地址，而是通过别名来引用这个地址。

如果不设置路由别名，当修改路由地址时，可能有很多地方的代码都使用了这个地址，这些代码都需要修改会非常麻烦。例如，在模板中使用链接表示路由地址 "/hello/123"。示例代码如下：

```
<a href="/hello/123">hello</a>
```

如果模板中有大量的代码都直接使用了上述地址，一旦路由发生改变，所有的链接地址也要发生改变。

为此，给 "/hello/123" 设置一个别名，具体代码如下：

```
1  Route::get('/hello/123', function () {
2     return 'hello';
3  })->name('hello');
```

在上述代码中，get() 方法后面的 "->name()" 用来设置别名，此处设置别名为 hello。设置后，在模板中使用 "{{route('hello')}}" 代替 "/hello/123"。

2.1.6 路由分组

为了便于路由的管理，可以对路由进行分组，分组后，可以对一组路由统一进行管理。例如，在后台中有如下路由：

```
/admin/login
/admin/logout
/admin/index
```

上述路由的共同点是开头的地址都是"/admin/"。这个"/admin/"称为路由的前缀，通过前缀就可以对路由进行分组。

路由分组使用 Route::group( )来实现，其基本语法格式如下：

```
Route::group(公共属性数组，回调函数)
```

在上述语法中，"公共属性数组"用于指定同组路由的公共属性，如前缀（prefix）、中间件（middleware）等，其他公共属性可以参考 Laravel 官方文档。"回调函数"中的代码用于定义同组路由，当公共属性为前缀时，这些路由的地址都是剔除公共前缀后的地址。

下面通过代码演示分组路由的实现，具体代码如下：

```
1  Route::group(['prefix' => 'admin'], function () {
2      Route::get('login', function () {
3          return '这里是/admin/login';
4      });
5      Route::get('logout', function () {
6          return '这里是/admin/logout';
7      });
8      Route::get('index', function () {
9          return '这里是/admin/index';
10     });
11 });
```

2.2 控制器

在 Laravel 框架中，控制器的主要作用是接收用户的请求，调用模型处理数据，最后通过视图展示数据。本节将对控制器的相关内容进行详细讲解。

2.2.1 控制器的创建

控制器文件的保存目录为 app\Http\Controllers，在该目录下已经提供了一些示例文件，具体如图 2-3 所示。

在图 2-3 中，Auth 目录用来保存 Auth 模块的控制器，Controller.php 文件是控制器的基类，所有的控制器都会继承该文件。

一个空的控制器文件包含命名空间的声明和引入，以及控制器类的定义。这些代码不容易记忆，且容易出错。为此，Laravel 提供了自动生成控制器的命令，只需要记住这个命令，就可以自动创建控制器。

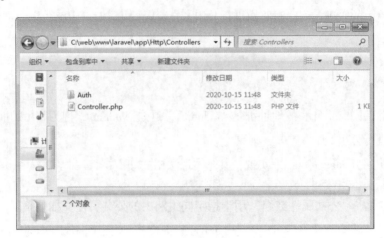

图 2-3　控制器文件所在目录下的示例文件

通过命令创建控制器的基本语法格式如下：

```
php artisan make:controller 控制器名
```

在上述命令中，php artisan 表示使用 Laravel 提供的 Artisan 工具；make:controller 表示生成控制器，在后面书写控制器名。控制器的名称采用大驼峰的形式，控制器名称后面需要加上 Controller 后缀，如 "TestController"。

▌ **小提示：**

使用 "php" 命令时需要确保已经将 PHP 程序添加到环境变量中。在 Windows 系统中通过安装向导安装 Composer 时，会自动添加环境变量。"php artisan" 命令表示使用 PHP 执行当前目录下的一个文件名为 "artisan" 的 PHP 脚本文件。虽然该文件没有扩展名，但不影响 PHP 程序识别。

下面演示利用 php artisan 创建一个 TestController 控制器，首先，在命令行中切换到 C:\web\www\laravel 目录；然后，执行命令进行创建。具体命令如下：

```
php artisan make:controller TestController
```

上述命令执行后，会生成 app\Http\Controllers\TestController.php 文件。使用编辑器打开该文件，具体代码如下：

```php
1  <?php
2
3  namespace App\Http\Controllers;
4
5  use Illuminate\Http\Request;
6
7  class TestController extends Controller
8  {
9      //
10 }
```

在上述代码中，TestController 被放在了 App\Http\Controllers 命名空间下，该控制器继承了当前目录下的 Controller 控制器基类。第 5 行导入了 Request 类，该类用于接收用户的请求信息，会在后面的小节中具体讲解。

由于项目中需要划分许多模块，不同模块的控制器就保存在对应模块的目录下。例如，创建 Admin 模块，在该模块下创建 TestController 控制器，控制器对应的目录为 app\Http\Controllers\Admin。

下面在 Admin 模块下创建一个 TestController 控制器，具体命令如下：

```
php artisan make:controller Admin/TestController
```

上述命令执行后，打开自动生成的 app\Http\Controllers\Admin\TestController.php 文件，具体代码如下：

```
1  <?php
2
3  namespace App\Http\Controllers\Admin;
4
5  use Illuminate\Http\Request;
6  use App\Http\Controllers\Controller;
7
8  class TestController extends Controller
9  {
10     //
11 }
```

在上述代码中，TestController 类放在了 App\Http\Controllers\Admin 的命名空间下。由于在该命名空间下没有 Controller 控制器基类，所以需要通过第 6 行代码引入控制器基类的命名空间。

2.2.2　控制器路由

控制器路由是路由的一种定义方式。前面讲解的定义路由规则，基本都是通过传入一个回调函数来处理请求，而控制器路由则是传入一个指定的控制器和方法来处理请求，只需将回调函数修改为"控制器类名@方法名"即可。示例代码如下：

```
Route::get('admin/test1', 'Admin\TestController@test1');
```

在上述代码中，控制器名中的分隔符 "\" 是命名空间的分隔符，不是目录分隔符。

为了测试上述路由的效果，在 app\Http\Controllers\Admin\TestController.php 文件中编写一个 test1()方法。具体代码如下：

```
1  public function test1()
2  {
3      return '这是 test1 方法';
4  }
```

通过浏览器访问 http://laravel.test/admin/test1，可以看到页面中输出了 "这是 test1 方法"。

▍▍ **多学一招：单一动作控制器**

单一动作控制器是指一个控制器只处理一个动作。创建单一动作控制器与创建普通控制器的命令类似，只需在命令后面添加 "--invokable" 参数即可。例如，创建一个 Profile（个人主页）控制器，具体命令如下：

```
php artisan make:controller ProfileController --invokable
```

执行上述命令后，会生成 app\Http\Controllers\ProfileController.php 文件。使用编辑器打开该文件，具体代码如下：

```php
1  <?php
2
3  namespace App\Http\Controllers;
4
5  use Illuminate\Http\Request;
6
7  class ProfileController extends Controller
8  {
9      /**
10      * Handle the incoming request.
11      * @param  \Illuminate\Http\Request  $request
12      * @return \Illuminate\Http\Response
13      */
14     public function __invoke(Request $request)
15     {
16         // 实现具体功能
17     }
18 }
```

上述代码中，第 14～17 行代码定义了 __invoke( ) 方法，该方法用于指定该控制器为单一动作控制器。

为单一动作控制器定义路由，具体代码如下：

```
Route::get('user/{id}', 'ShowProfile');
```

在上述路由规则中，不需要指定控制器中的具体方法，这是由于在 PHP 中当以调用方法的方式调用对象时，__invoke( ) 方法会被自动调用。由此，就完成了单一动作控制器的调用。

2.2.3　接收用户输入

在控制器中，接收用户输入的方式主要有两种：一种是通过 Request 实例接收，另一种是通过路由参数接收。下面将分别进行讲解。

1. 通过 Request 实例接收用户输入

Request 实例保存了当前 HTTP 请求的信息，通过它可以获取用户输入的数据。下面通过代码演示 Request 实例的使用。示例代码如下：

```php
1  <?php
2
3  namespace App\Http\Controllers;
4
5  use Illuminate\Http\Request;                    // 1. 导入命名空间
6
```

```
7  class TestController extends Controller
8  {
9      public function input(Request $request)      // 2. 依赖注入
10     {
11         $name = $request->input('name');          // 3. 调用 input() 方法获取数据
12         return 'name 的值为' . $name;
13     }
14 }
```

从上述代码可以看出，接收用户输入的数据一共分为 3 步：第 1 步是在文件中导入 Illuminate\
Http\Request 命名空间，第 2 步是在方法中通过依赖注入获得$request 对象，第 3 步是调用$request
对象的 input() 方法。这里的$request 对象就是 Request 实例，它是由框架自动创建的。第 9 行的参
数 Request $request 表示该方法依赖 Request 实例。框架在调用 input() 方法前，会把已经创建好的
Request 实例自动传给 input() 方法，然后就可以在 input() 方法中通过形参$request 来使用 Request
实例了。

使用 Request 实例还可以接收 URL 参数或路由参数，下面分别进行演示。

（1）接收 URL 参数。

input() 方法创建完成后，在路由中添加如下代码，使该方法可以被访问。

```
Route::get('test/input', 'TestController@input');
```

下面在 URL 中为参数 name 传入一个参数值"xiaoming"，具体 URL 如下：

```
http://laravel.test/test/input?name=xiaoming
```

在浏览器中进行测试，可以看到其运行结果为"name 的值为 xiaoming"。

（2）接收路由参数。

修改路由规则，在路由中匹配 name 参数，具体代码如下：

```
Route::get('test/input/{name}', 'TestController@input');
```

然后修改 TestController 的 input() 方法，具体代码如下：

```
1  public function input(Request $request)
2  {
3      $name = $request->name;
4      return 'name 的值为' . $name;
5  }
```

通过浏览器进行测试，在 URL 中为 name 传递一个参数值"xiaoming"，具体 URL 如下：

```
http://laravel.test/test/input/xiaoming
```

上述 URL 打开后，可以看到其运行结果为"name 的值为 xiaoming"。

2. 通过路由参数接收用户输入

路由参数可以直接在对应的方法中通过形参来接收，具体代码如下：

```
Route::get('test/input/{name}', 'TestController@input');
```

然后在 input() 方法中接收$name 参数，具体代码如下：

```
1  public function input($name)
2  {
3      return 'name 的值为' . $name;
4  }
```

在 URL 中为 name 传入参数值"xiaoming",具体代码如下:

```
http://laravel.test/test/input/xiaoming
```

上述 URL 打开后,可以看到其运行结果为"name 的值为 xiaoming"。

▎多学一招: Request 实例的更多用法

Request 实例的功能非常多,除了接收用户输入外,还可以获取各种请求信息。下面列举一些常用的操作。

```php
// ① 通过第 2 个参数可以设置默认值,当没有传 name 时,返回 Sally
$name = $request->input('name', 'Sally');
// ② 获取数组参数(相当于 products[0]['name'])
$name = $request->input('products.0.name');
// ③ 获取全部参数
$all = $request->all();
// ④ 只从查询字符串中获取输入数据
$name = $request->query('name');
// ⑤ 获取请求路径
$uri = $request->path();
// ⑥ 获取请求的 URL
$url = $request->url();
// ⑦ 获取请求方式
$method = $request->method();
// ⑧ 判断请求方式
if ($request->isMethod('post')) {
    // 当前是 POST 方式
}
// ⑨ 判断是否存在输入值
if ($request->has('name')) {
    // 存在 name
}
```

2.3　视图

在前面的开发中,程序的运行结果都是通过在控制器中使用 return 语句返回一个字符串,或使用 dump()函数来实现的。为了更好地输出一个 HTML 页面,可以利用视图来实现。Laravel 的视图文件可以是一个普通的".php"文件,也可以是基于 Laravel 内置的 Blade 模板引擎编写的".blade.php"文件。本节将对视图进行详细讲解。

2.3.1　创建视图文件

视图文件保存在 resources\views 目录中,用户也可以在该目录下创建子目录,将不同模块的视图放在不同的子目录中。视图文件的名称以".blade.php"或".php"结尾,前者表示使用 Blade 模板引擎,后者表示不使用模板引擎。当使用模板引擎时,可以在视图文件中使用模板语法,如

{{ $title }}，也可以使用 PHP 原生语法，如<?php echo $title; ?>。如果不使用模板引擎，则只能使用 PHP 原生语法。另外，如果存在同名的 ".blade.php" 和 ".php" 文件时，前者会被优先使用。

下面通过代码演示视图文件的使用，具体步骤如下。

（1）创建 resources\views\show.blade.php 文件，具体代码如下：

```
1  <!DOCTYPE html>
2  <html>
3    <head>
4      <meta charset="UTF-8">
5      <title>Document</title>
6    </head>
7    <body>
8      当前显示的视图文件是 show.blade.php
9    </body>
10 </html>
```

（2）创建视图文件后，在控制器中使用如下代码来加载视图文件。

```
1  public function show()
2  {
3      // 加载视图文件 resources\views\show.blade.php
4      return view('show');
5  }
```

在上述代码中，view( )函数的参数表示视图文件的名称，不需要传入文件扩展名。

（3）为了使 show( )方法可以被访问，将该方法添加到路由。

```
Route::get('test/show', 'TestController@show');
```

（4）通过浏览器进行访问测试，其运行结果如图 2-4 所示。

图 2-4　浏览器访问测试运行结果

在 view( )函数中，视图名称的前面还可以添加路径，例如，将视图文件放在 home/test 子目录中，则有如下两种写法。

```
return view('home/test/show');      // 写法 1，用 "/" 分隔
return view('home.test.show');      // 写法 2，用 "." 分隔
```

上述写法对应的视图文件路径为 resources\views\home\test\show.blade.php。

2.3.2　向视图传递数据

在视图文件中并不能直接访问控制器中的变量，而是需要在控制器中为视图传递数据。使用 view( )函数或 with( )函数可以为视图传递数据，示例代码如下：

```
// 方式 1：通过 view( )函数的第 2 个参数传递数据
return view(模板文件, 数组);
```

```
// 方式2：通过 with() 函数传递数据
return view(模板文件)->with(数组);
// 方式3：通过连续调用 with() 函数传递数据
return view(模板文件)->with(名称，值)->with(名称，值)…
```

在上述代码中，前两种方式用于传递一个数组，将数组的键名作为视图中的变量名，第3种方式用于单独传递每个变量。

下面通过具体操作演示如何在控制器中向视图传递数据。

（1）在 TestController 的 show()方法中准备一个数组，将其传递给视图，具体代码如下：

```
1  public function show()
2  {
3      $data = [
4          'content' => '文本内容'
5      ];
6      return view('show', $data);
7  }
```

在上述代码中，$data 数组中的每个元素对应视图中的每个变量。

（2）修改 resources\views\show.blade.php 视图文件，输出 content 的值，具体代码如下：

```
1  <body>
2    {{ $content }}
3  </body>
```

（3）通过浏览器访问，可以看到页面中显示的结果为"文本内容"。另外，读者也可以尝试将代码换成用 with()函数来实现，具体代码如下：

```
return view('show')->with('content', '文本内容');
```

多学一招：compact()函数

compact()是 PHP 的内置函数，经常会在 Laravel 中用到。compact()函数用于将多个变量打包成一个数组，其参数表示要打包的变量名，参数数量不固定，返回的结果是打包后的数组。下面通过代码演示 compact()函数的使用。

```
1  public function show()
2  {
3      $content = '文本内容';
4      $arr = [1, 2];
5      $data = compact('content', 'arr');
6      return view('show', $data);
7  }
```

在上述代码中，第 5 行表示将变量$content 和$arr 打包成一个数组，将变量名 content 和 arr 作为数组中的键名。

在视图文件中，可以使用如下代码来输出变量。

```
1  <body>
2    <p>{{ $content }}</p>
3    <p>{{ implode(',', $arr) }}</p>
4  </body>
```

2.3.3　视图数据的处理

1. 特殊字符转义

Blade 模板引擎在输出字符串时，会自动进行 HTML 特殊字符的转义。下面通过 with( )函数传入一个含有 HTML 标签的字符串进行测试，具体代码如下：

```
return view('show')->with('content', '<b>加粗</b>');
```

通过浏览器访问，可以看到页面中显示的结果为"加粗"，说明 HTML 标签并没有被浏览器解析，而是原样显示出来。通过查看 HTML 源代码可知，"<"被转换为"<"，">"被转换为">"。

如果想禁止 Blade 的自动转义，可以在变量输出时使用"{!! $content !!}"。

▌▎ **小提示：**

读者可以在 storage\framework\views 目录下找到被模板引擎编译后的视图文件，查看编译后的结果，从而进一步确认 Laravel 对视图进行了什么样的处理。

2. 通过函数对数据进行处理

在视图中输出数据时，可以通过函数来对数据进行处理。例如，向视图传入一个时间戳数据，具体代码如下：

```
return view('show')->with('time', time());
```

然后在 resources\views\show.blade.php 文件中，在输出$time 前，通过 date( )函数进行格式化处理，具体代码如下：

```
1  <body>
2    当前时间是: {{ date('Y-m-d H:i:s', $time) }}
3  </body>
```

通过浏览器进行测试，可以看到页面中输出了当前的日期和时间，输出的格式为"年-月-日 时:分:秒"。

2.3.4　循环操作

在视图中输出数组时，需要对数组进行遍历，此时可以通过"@foreach"模板语法来实现，该语法类似 PHP 中的 foreach 语句，具体语法格式如下：

```
@foreach ($variable as $key => $value)
   // 循环体
@endforeach
```

在上述语法中，$variable 表示待遍历的数组；$key 表示每个元素的键名；$value 表示每个元素的值。其中，$key 和$value 的变量名可以自定义。如果不需要访问数组的键名，可以省略"$key =>"，直接写$value 即可。

下面通过代码演示循环语句的具体使用，在 TestController 的 show( )方法中定义$data 数组并将数组发送给视图，具体代码如下：

```
1  public function show()
2  {
3      $data = [['id' => 1, 'name' => 'Tom'], ['id' => 2, 'name' => 'Andy']];
4      return view('show', ['data' => $data]);
5  }
```

在上述代码中，第 3 行代码定义了$data 数组；第 4 行代码调用视图并将数组发送到视图。

在视图文件中遍历$data 数组，输出每条记录的值，具体代码如下：

```
1  <body>
2    <h1>循环操作</h1>
3    @foreach ($data as $v)
4      {{ $v['id'] }} - {{ $v['name'] }} <br>
5    @endforeach
6  </body>
```

通过浏览器访问，即可看到$data 数组中所有的记录，这些记录以"id - name"的形式呈现。

2.3.5　判断操作

在视图文件中还可以使用"@if"模板语法进行判断操作，该语法类似 PHP 中的 if 语句，具体语法格式如下：

```
@if (条件表达式 1)
  // 语句 1
@elseif (条件表达式 2)
  // 语句 2
@elseif (条件表达式 3)
  // 语句 3
……
@else
  // 以上条件都不满足时执行的语句
@endif
```

在上述语法中，当不需要@elseif、@else 时，可以省略它们。

下面通过代码演示判断语句的具体使用，在 TestController 的 show( )方法中使用 date( )函数获取当前是星期几，将获取结果传给视图，具体代码如下：

```
1  public function show()
2  {
3      $week = date('N');// 获取今天是星期几（1～7）
4      return view('show', ['week' => $week]);
5  }
```

然后在视图文件中根据$week 的值，显示不同的结果，具体代码如下：

```
1  <body>
2    <h1>判断操作</h1>
3    今天是:
4    @if ($week == 1)
5      星期一
6    @elseif ($week == 2)
7      星期二
```

```
8    ……（此处读者可以添加更多判断）
9    @elseif ($week == 7)
10     星期日
11   @endif
12 </body>
```

通过浏览器访问，页面中会显示当前是星期几。

2.3.6　模板继承

在一个网站中，通常会有很多相似的页面，这就意味着这些相似的页面需要编写重复的代码。要想避免这种情况，可以利用模板继承来实现。

模板继承是指将一个完整页面中的公共部分放在父页面中，将不同的部分放在不同的子页面中，子页面可以继承父页面来获得完整的页面，如图 2-5 所示。

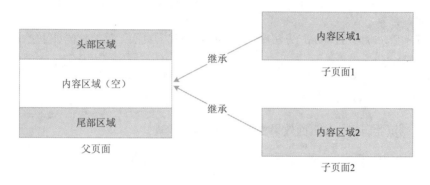

图 2-5　"模板继承"示意图

在图 2-5 中，父页面的"头部区域"和"尾部区域"是页面中的公共部分，"内容区域"由于每个页面不同，被拆分到多个子页面中。当子页面需要显示公共部分内容时，会从父页面继承公共部分，从而得到完整的页面。

在理解了模板继承的概念后，下面通过具体操作演示如何实现模板继承。

（1）编写父页面。创建 resources\views\parent.blade.php 文件，具体代码如下：

```
1  <!DOCTYPE html>
2  <html>
3   <head>
4     <meta charset="UTF-8">
5     <title>Document</title>
6   </head>
7   <body>
8     <header>头部区域</header>
9     <div>
10      @yield('content')
11    </div>
12    <footer>尾部区域</footer>
13  </body>
14 </html>
```

在上述代码中，第 10 行的 "@yield( )" 用于在父页面中定义一个区块，其参数是区块的名称，表示将子页面中对应的内容显示在此区块中。

（2）编写子页面。子页面若要继承父页面，需要通过如下基本语法来实现。

```
1  @extends('需要继承的父页面')
2  @section('区块名称')
3    区块内容
4  @endsection
```

在上述语法中，"需要继承的父页面" 的写法类似于控制器中 view( )函数的写法，如 "parent" 表示 resources\views\parent.blade.php 文件；"区块名称" 对应父页面中的区块名称，如 content。

了解基本语法后，下面创建 resources\views\child.blade.php 文件，具体代码如下：

```
1  @extends('parent')
2  @section('content')
3    <section>区块内容</section>
4  @endsection
```

（3）在 TestController 的 show( )方法中通过 view( )加载子页面，具体代码如下：

```
1  public function show()
2  {
3      return view('child');
4  }
```

（4）通过浏览器访问，其页面效果如图 2-6 所示。

图 2-6   "模板继承" 页面效果

（5）查看网页源代码，可以看到子页面和父页面已经合并在一起，如图 2-7 所示。

图 2-7   查看网页源代码

2.3.7 模板包含

模板包含的思路与模板继承正好相反，它是把多个页面中相同的部分抽取到子页面中，然后通过@include( )将公共部分包含进来，得到完整的页面，如图 2-8 所示。

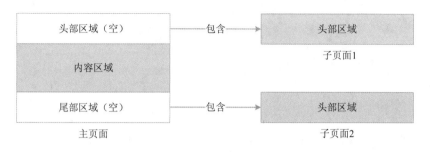

图 2-8 "模板包含"示意图

在图 2-8 中，主页面只有"内容区域"中有内容，"头部区域"和"尾部区域"的内容被拆分到两个子页面中。当页面显示时，头部区域和尾部区域会从子页面中加载。

下面通过具体案例演示如何实现模板包含。

（1）编写主页面。创建 resources\views\main.blade.php 文件，具体代码如下：

```
1  <!DOCTYPE html>
2  <html>
3   <head>
4    <meta charset="UTF-8">
5    <title>Document</title>
6   </head>
7   <body>
8    @include('header')
9    <div>内容区域</div>
10   @include('footer')
11  </body>
12 </html>
```

在上述代码中，第 8 行和第 10 行的@include( )用于实现模板包含，其参数表示模板文件名，写法与控制器中的 view( )函数类似。

（2）创建头部区域文件 resources\views\header.blade.php，具体代码如下：

```
<header>头部区域</header>
```

（3）创建尾部区域文件 resources\views\footer.blade.php，具体代码如下：

```
<footer>尾部区域</footer>
```

（4）在 TestController 的 show( )方法中通过 view( )加载主页面，具体代码如下：

```
1  public function show()
2  {
3    return view('main');
4  }
```

（5）通过浏览器访问，其页面效果如图 2-9 所示。

图 2-9 "模板包含"页面效果

本章小结

本章先介绍了框架中路由的定义和使用，然后讲解了控制器的使用及如何在控制器中接收用户输入的数据，最后讲解了视图的使用。通过学习本章的内容，希望读者可以在 Laravel 框架中熟练地应用本章所学的知识，为后续的学习打下基础。

课后练习

一、填空题

1. 创建控制器的命令是_____。
2. 路由分组的语法是_____。
3. 路由别名使用_____设置。
4. 模板继承通过_____关键字实现。
5. 模板包含通过_____关键字实现。

二、判断题

1. 为了方便管理，可以对后台的所有操作统一进行管理，称为路由分组。（　　　）
2. Laravel 框架中可以通过数组定义路由。（　　　）
3. 设置路由别名是为了避免当路由地址发生变化时所有用到该路由的地方都要去修改。（　　　）
4. 在模板中使用<if>标签进行条件判断。（　　　）
5. 模板继承是指将页面的公共部分放在父页面中，将不同的部分放在子页面，子页面可以继承父页面来获得完整的页面。（　　　）

三、选择题

1. 下列路由规则中，可以传递可选参数的是（　　　）。

A. Route::get('/test/{id}', function( ){})   B. Route::get('/test', function( ){})

C. Route::get('/test/id', function( ){})   D. Route::get('/test/{id?}', function( ){})

2. 下列关于路由的说法正确的是（   ）。

A. 定义路由是为了方便后期对项目的维护和更新

B. 只有通过路由才能访问到指定的控制器和方法

C. 通过路由访问可以提高页面的打开速度

D. 通过路由访问可以增加服务器的安全性

3. 下列关于控制器的描述正确的是（   ）。

A. 在控制器中可以直接使用模型，不需要引入命名空间

B. 在控制器中使用模型需要先将模型文件包含进来

C. 在控制器中可以通过静态或实例化两种方式调用模型

D. 以上选项全部正确

4. 下列向视图发送数据的方式错误的是（   ）。

A. return view(模板文件, 数组);

B. return view(模板文件) ->with(数组);

C. return view(模板文件) ->with(名称, 值) ->with(名称, 值);

D. return with(模板文件, 数组);

5. 下列关于视图中使用的语法描述错误的是（   ）。

A. @extends 实现页面包含   B. @if 实现页面判断

C. 使用 compact( )函数打包向页面发送的变量   D. @foreach 实现循环

四、简答题

1. 请概括路由有哪些请求方式。

2. 请列举出 3 个视图中常用的模板语法。

第 3 章

表单安全和用户认证

学习目标

★ 掌握 Laravel 框架对 CSRF 攻击的处理方式，能够防御 CSRF 攻击。

★ 掌握自动验证的使用，能够熟练使用验证规则处理请求数据。

★ 掌握 Session 机制，能够在实际开发中运用 Session。

★ 掌握中间件的定义和使用，能够运用中间件对 HTTP 请求进行特殊处理。

★ 掌握 Auth 认证模块的使用，能够使用该模块完成用户认证。

表单是 Web 项目接收用户输入的一种方式，也是安全漏洞的高发区。为了提高表单的安全性，Laravel 框架提供了防御 CSRF（Cross-Site Request Forgery，跨站点请求伪造）攻击和自动验证功能。用户认证是项目中常见的模块，它用来提供用户登录等功能，涉及的技术包括 Session 机制、中间件和 Auth 认证。本章将对 Laravel 中的表单安全和用户认证进行详细讲解。

3.1 防御 CSRF 攻击

Laravel 框架为了提高安全性，默认开启了防御 CSRF 攻击的功能。在以 POST 方式提交表单时，Laravel 会自动验证表单中是否含有 CSRF 令牌（Token），如果没有令牌或者令牌无效，则该请求会被拦截，不会进入到路由对应的控制器和方法中。本节将讲解什么是 CSRF 攻击，并对如何在 Laravel 中防御 CSRF 攻击进行代码演示。

3.1.1 什么是 CSRF 攻击

CSRF 是互联网中常见的一种攻击，它出现的原因是当用户在一个网站登录后，这个网站无法判断其接下来收到的请求是用户主动发起的，还是被其他网站的恶意程序伪造的。因此，当用户在登录了某个网站的状态下访问了其他网站时，其他网站可以伪造一个请求，发给这个已登录的网站，造成用户在不知情的情况下执行了发帖、删除文章、转账等操作。

为了让读者更好地理解，下面通过具体代码来演示 CSRF 攻击是如何实现的。常见的 CSRF 攻击分为 GET 方式和 POST 方式两种，具体如下。

（1）GET 方式的 CSRF 攻击代码如下：

```
<img src="http://xxx/admin/data/delete/id/1">
```

在上述代码中，<img>标签的 src 属性指向的地址是网站的后台，用来删除 id 为 1 的数据。由于浏览器会自动向<img>标签的 src 地址发送请求，当网站后台用户在已登录状态下浏览了包含这个<img>标签的页面时，删除数据的操作就在用户不知情的情况下被执行了。

（2）POST 方式的 CSRF 攻击代码如下：

```
1 <form id="f" method="post" action="http://xxx/admin/data/delete"
2  target="i">
3   <input type="hidden" name="id" value="1">
4 </form>
5 <iframe style="display:none" name="i"></iframe>
6 <script>
7   document.getElementById('f').submit();
8 </script>
```

在上述代码中，表单的 action 属性指向的是网站的后台，用来删除指定 id 的记录；第 3 行代码在表单中使用隐藏域传入要删除的 id；第 7 行代码使用 JavaScript 代码在页面打开后自动提交表单。为了避免表单提交后的页面跳转引起用户怀疑，<form>标签设置了 target 属性将表单提交给<iframe>标签，并将框架隐藏起来。当网站后台用户在已登录状态下浏览了这个页面时，删除数据的操作就已经静默执行了。

CSRF 攻击之所以成立，是因为大部分网站在用户登录成功后，使用 Cookie 保存已登录用户的 SessionID（PHP 中的 Session 操作也是如此），Cookie 会在浏览器发送请求时自动携带，而服务器无法分辨当前请求是用户主动发起的，还是伪造的。

3.1.2　在 Laravel 中防御 CSRF 攻击

Laravel 框架默认会对以 POST 方式发送过来的请求进行令牌验证，从而防御 CSRF 攻击，而不会对以 GET 方式发送的请求进行令牌验证。因此，在实际开发中，应对安全性要求高的操作（如添加、修改、删除数据）使用 POST 方式，而对安全性没有要求的操作（如查询）使用 GET 方式。

POST 方式的请求通常使用表单进行发送，在视图文件中编写表单时，可以通过模板语法"{{ csrf_field() }}"或"{{ csrf_token() }}"来获取令牌，将令牌放入表单中，随表单一起提交，这样就可以通过 CSRF 验证。如果表单缺少令牌或者令牌有误，则请求会被 Laravel 拦截。

下面来演示如何在表单中使用 CSRF 令牌，具体操作步骤如下。

（1）在路由文件中添加 GET 和 POST 两种方式的路由，分别用来显示表单页面和处理 POST 方式的请求，具体代码如下：

```
1  Route::get('test/form', 'TestController@form');
2  Route::post('test/transfer', 'TestController@transfer')->name('trans');
```

（2）在 TestController 中添加 form()方法，用来显示表单页面，具体代码如下：

```
1  public function form()
2  {
3      return view('form');
4  }
```

（3）创建表单视图页面 resources\views\form.blade.php，具体代码如下：

```
1  <form action="{{ route('trans') }}" method="post">
2    收款人：<input type="text" name="name"><br>
3    转账金额：<input type="text" name="money"><br>
4    <input type="submit" value="转账">
5  </form>
```

上述代码是一个普通的表单，此时还没有放入令牌，可以先来看一下在没有令牌的情况下，表单是否可以正确提交。

（4）编写 transfer()方法，用来接收表单。具体代码如下：

```
1  public function transfer()
2  {
3      return '转账成功！成功付款10000元';
4  }
```

（5）通过浏览器访问表单页面，提交表单，会看到如图 3-1 所示的错误提示信息。

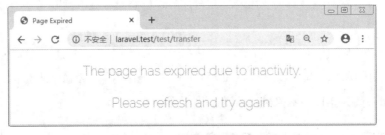

图 3-1　错误提示信息

获取表单令牌可以使用"{{ csrf_field() }}"或"{{ csrf_token() }}"。{{ csrf_field() }}用于获取一个隐藏域，会自动填入令牌值，具体代码如下：

```
<input type="hidden" name="_token" value="自动填入的令牌值">
```

而{{ csrf_token() }}用于获取令牌值，需要手动填入隐藏域中，具体代码如下：

```
<input type="hidden" name="_token" value="{{ csrf_token() }}">
```

在实际开发中，对于表单提交的 POST 请求，推荐使用{{ csrf_field() }}，而对于 Ajax 提交的 POST 请求，则推荐使用{{ csrf_token() }}。

（6）修改表单页面，使用{{ csrf_field() }}填入带有令牌的隐藏域，具体代码如下：

```
1  <form action="{{ route('trans') }}" method="post">
2    收款人：<input type="text" name="name"><br>
```

```
3    转账金额：<input type="text" name="money"><br>
4    {{ csrf_field() }}
5    <input type="submit" value="转账">
6  </form>
```

（7）通过浏览器访问，查看表单的 HTML 代码，如图 3-2 所示。

图 3-2　查看表单的 HTML 代码

从图 3-2 中可以看出，令牌已经自动生成，并放入了隐藏域中。

（8）在浏览器中提交表单，可以看到表单已经可以提交成功了。

3.1.3　从 CSRF 验证中排除例外路由

在开发中，并不是所有的请求都需要防御 CSRF 攻击，例如，为其他客户端（如微信小程序、手机应用等）提供后端接口时，一般不需要 CSRF 令牌验证，这是因为 CSRF 攻击主要是针对用户使用浏览器的情况。此时，可以从 CSRF 验证中排除例外路由。

在 app\Http\Middleware\VerifyCsrfToken.php 文件中可以添加要排除的路由，排除后就不会进行 CSRF 验证了。打开该文件后，找到如下代码：

```
1  protected $except = [
2      //
3  ];
```

上述代码是一个 $except 数组，数组中的元素表示要排除的路由。例如，排除一个指定的路由 "test/transfer"。示例代码如下：

```
1  protected $except = [
2      'test/transfer'
3  ];
```

如果希望所有的路由都不进行验证，可以用 "*" 来表示，具体代码如下：

```
1  protected $except = [
2      '*'
3  ];
```

3.2　自动验证

自动验证是指 Laravel 自动对用户提交的表单数据进行服务器端验证。表单验证分为服务器端验证和客户端验证，Laravel 的自动验证功能是为了防止用户通过特殊手段绕过客户端验证，一旦用户绕过客户端验证而服务器端没有任何验证，会造成无法预料的结果。因此，在服务器端进行表单验证是尤为重要的。Laravel 提供了多种不同的验证方法来对应用程序传入的数据进行自动验证，本节将对自动验证进行详细讲解。

3.2.1　验证规则

Laravel 提供了多种方法来验证用户输入的数据。默认情况下，Laravel 的控制器基类使用 ValidatesRequests 类进行验证，该类提供了便捷的方法通过各种功能强大的验证规则来验证数据。下面通过示例代码演示自动验证规则的使用，具体如下：

```
1  public function demo(Request $request)
2  {
3      $validatedData = $request->validate([
4          'title' => 'required|max:255',
5          'body' => 'required',
6      ]);
7      // 验证通过，存储到数据库...
8  }
```

在 demo( )方法中，第 3 行代码通过 $request 对象的 validate( )方法来实现对用户输入的数据进行验证，在使用前需要先引入该对象所属类的命名空间 Illuminate\Http\Request。第 4 行和第 5 行代码定义了验证规则，用来进行验证。如果通过校验，代码会继续往下执行；反之，则会抛出一个异常，相应的错误信息也会自动发送给用户。

为了便于读者学习，下面列举一些常用的验证规则，具体如表 3-1 所示。

表 3-1　常用的验证规则

验证规则	功能描述
required	表示该字段不能省略
min/max	表示验证字符串的长度或者数字的大小，取决于验证字段的数据类型，min 表示最小值，max 表示最大值
unique	用于验证其值在某个表中是否唯一，防止出现重复值
integer	用于验证该字段是否为整数
string	用于验证该字段是否为字符串
email	用于验证邮箱格式
accepted	当字段值为 yes、on、1 时才会通过验证
alpha	用于验证该字段是否为字母
bail	验证规则验证失败，其他验证规则停止运行

除表 3-1 所示的验证规则外，Laravel 还提供了其他的验证规则，用于满足不同的验证需求，

具体可以参考 Laravel 官方文档。

　　为了便于读者理解，下面通过具体案例演示如何定义验证规则对用户提交的数据进行验证，具体操作步骤如下。

　　（1）在 TestController 中创建 profile( )和 store( )方法，profile( )用于显示用户输入的表单，store( )方法用来接收表单提交的内容，具体代码如下：

```
1  public function profile()
2  {
3      return view('profile');
4  }
5
6  public function store(Request $request)
7  {
8      // 添加验证规则
9  }
```

　　（2）为 profile( )和 store( )两个方法设置路由规则，具体代码如下：

```
1  Route::get('test/profile', 'TestController@profile');
2  Route::post('test/store', 'TestController@store')->name('store');
```

　　（3）创建 profile.blade.php，编写表单内容，具体代码如下：

```
1  <form action="{{ route('store') }}" method="post">
2    姓名: <input type="text" name="name"><br>
3    邮箱: <input type="text" name="email"><br>
4    年龄: <input type="text" name="age"><br>
5    爱好: <input type="checkbox" name="hobby">足球
6          <input type="checkbox" name="hobby">篮球
7          <input type="checkbox" name="hobby">排球<br>
8    {{ csrf_field() }}
9    <input type="submit" value="保存">
10 </form>
```

　　在上述代码中，使用 route( )函数将表单提交到路由名称为"store"的地址中。

　　（4）在 store( )方法中添加验证规则，具体代码如下：

```
1  public function store(Request $request)
2  {
3      $validatedData = $request->validate([
4          'name' => 'required|string|bail|max:255',
5          'email' => 'required|email',
6          'age' => 'required|integer',
7          'hobby' => 'required'
8      ]);
9  }
```

　　在上述代码中，第 4～7 行代码定义了验证规则。在验证规则中，4 个表单项都不能为空，用户名必须是字符串且最大长度为 255，邮箱必须符合格式要求，年龄必须为整数。

　　需要注意的是，在用户名的验证规则中，"bail"表示如果验证失败，则停止检查该属性的其他验证规则。

　　设置完验证规则后，如果用户输入的内容没有通过给定验证规则，Laravel 会自动将用户重定向回上一个页面，并将所有验证错误信息自动保存到 Session 中。

　　（5）在 profile( )方法中输出 Session 中的信息，具体代码如下：

```
1  public function profile()
2  {
3      dump(session()->all());
4      (……原有代码)
5  }
```

　　通过浏览器访问，在页面输入错误的值，会自动跳转回表单页面并输出错误信息。输出结果如下：

```
Illuminate\Support\ViewErrorBag Object(
  [bags:protected] => Array(
    [default] => Illuminate\Support\MessageBag Object(
      [messages:protected] => Array(
        [name]  =>  The name field is required
        [email] =>  The email field is required.
        [age]   =>  The age field is required.
        [hobby] =>  The hobby field is required.
      )
      [format:protected] => :message
    )
  )
)
```

　　上述输出结果是从 Session 中获取的错误信息，需要注意的是，Laravel 框架从 Session 中检查错误信息，并将检查到的错误信息自动绑定到视图，因此，所有视图中都有一个$errors 对象，用于在视图中输出错误信息。

　　（6）下面将$errors 对象中的内容输出到页面。在 profile.blade.php 的表单后面添加显示错误信息的代码，具体代码如下：

```
1  @if ($errors->any())
2    <div class="alert alert-danger">
3      <ul>
4        @foreach ($errors->all() as $error)
5          <li>{{ $error }}</li>
6        @endforeach
7      </ul>
8    </div>
9  @endif
```

　　在上述代码中，使用@if 判断$errors 对象中是否有值，第 1 行代码调用 any( )方法来判断$errors 对象是否包含错误信息。

　　通过浏览器访问，在表单中输入错误的值，页面的错误提示信息如图 3-3 所示。

　　在图 3-3 中，当所有输入框的值都为空时，提示错误信息为 "The * field is required"，其中 "*" 号表示表单字段的名称。

图 3-3　错误提示信息

3.2.2　错误处理

Laravel 框架提供了多个方法用于显示页面的错误信息。其中，first( )方法用于获取指定字段的第一条错误信息；get( )方法用于获取指定字段的所有错误信息；has( )方法用于判断错误信息中是否包含某个字段；all( )方法用于获取所有字段的错误信息等。在 3.2.1 节中已经演示过 all( )方法，下面将对另外 3 个方法的使用进行讲解。

1. 获取指定字段的第一条错误信息

要想获取指定字段的第一条错误信息可通过调用 first( )方法实现，该方法中的参数为字段名称。下面在 profile.blade.php 中输出姓名字段的第一条错误信息。

```
1  @if ($errors->any())
2      {{$errors->first('name')}}
3      (……原有代码)
4  @endif
```

通过浏览器访问，当在姓名输入框中输入数字时，并且长度大于 10，此时姓名字段对应的错误信息有 2 条，具体如下：

```
The name must be an string.
The name may not be greater than 10 characters.
```

调用 first( )方法则输出第一条内容，即"The name must be an string."。

2. 获取指定字段的所有错误信息

要想获取指定字段的所有错误信息可通过调用 get( )方法实现，该方法中的参数为字段名称。下面在 profile.blade.php 中输出姓名字段的错误信息。

```
1  @if ($errors->any())
2      @foreach ($errors->get('name') as $message)
3          {{ $message }}
4      @endforeach
5      (……原有代码)
6  @endif
```

通过浏览器访问，当在姓名输入框中输入数字时，并且长度大于 10，输出内容如下：

```
The name must be an string.
The name may not be greater than 10 characters.
```

█ 小提示：

如果表单元素有多个复选框时，将复选框的名称统一设置成一个名称，在获取指定字段的所有错误信息时，可以使用 "*" 获取所有元素，示例代码如下：

```
1  <!-- 定义表单 -->
2  <form action="表单提交地址" method="post">
3      <input type="checkbox" name="hobby[]" value="basketball" />
4      <input type="checkbox" name="hobby[]" value="football" />
5      <input type="submit" value="提交">
6  </form>
7  <!-- 获取表单的错误信息 -->
8  @foreach ($errors->get('hobby.*') as $message)
9      {{ $message }}
10 @endforeach
```

3. 判断错误信息中是否包含某个字段

在 Laravel 框架中，使用 has()方法可以判断错误信息中是否包含给定字段。下面在 profile.blade.php 中判断错误信息中是否包含姓名字段。

```
1  @if ($errors->any())
2      @if ($errors->has('name'))
3          姓名格式错误！
4      @endif
5      (……原有代码)
6  @endif
```

当在姓名输入框中输入错误格式的值时，页面会显示"姓名格式错误！"的提示信息。

3.2.3　自定义错误信息

在自动验证中，程序输出的错误信息默认是英文，这样的提示信息对用户来说并不友好。因此，Laravel 框架提供了自定义错误信息的功能，可以通过自定义错误信息替代默认的提示信息。

在调用 validate()方法时，传入第 2 个参数来设置错误提示信息，具体代码如下：

```
1  public function store(Request $request)
2  {
3      $validatedData = $request->validate([
4          'name' => 'required|string|bail|max:255',
5          'email' => 'required|email',
6          'age' => 'required|integer',
7          'hobby' => 'required',
8      ], [
9          'name.required' => '姓名不能为空！',
10         'name.string' => '姓名必须是字符串格式！',
11         'email.required' => '邮箱地址不能为空！',
12     ]);
13 }
```

在上述代码中，第 9~11 行设置了错误提示信息，数组中的键为"字段名.验证规则"，值为验证规则对应的提示信息。

3.3 Session 机制

由于 HTTP 是无状态协议，上一个请求与下一个请求无任何关联，这就导致如果后面的请求需要使用前面请求所产生的数据，就必须重新传递。所以，在开发用户登录功能时，必须借助一种技术来记住用户的登录状态，这个技术就是 Session 机制。使用 Session 机制可以跟踪用户在网站中的操作。本节将学习如何在 Laravel 框架中使用 Session 机制。

3.3.1 Session 的配置

Laravel 通过简洁的 API 统一处理后端各种 Session 驱动。Laravel 的 Session 配置文件是 config\session.php，在该配置文件中，可以设置使用什么驱动保存 Session、Session 的有效期和 Cookie 相关的配置项。默认情况下，Laravel 使用的 Session 驱动为 file，表示将 Session 数据存放在文件中。Laravel 支持多种类型的驱动，具体如下。

（1）File：将 Session 数据存储在 storage\framework\sessions 目录下。

（2）Cookie：将 Session 数据存储在经过安全加密的 Cookie 中。

（3）Database：将 Session 数据存储在数据库中。

（4）Memcached/Redis：将 Session 数据存储在 Memcached 或 Redis 服务器中。

（5）array：将 Session 数据存储在 PHP 的数组中，是非持久化的存储方式。

在上述驱动中，当使用 Database 作为 Session 驱动时，需要在数据库中创建数据表，并且表中需要包含 Session 字段。数组驱动通常用于测试，避免测试的 Session 数据持久化存储。在生产环境中，尤其是在一个应用部署到多台服务器时，为了获取更佳的 Session 性能，通常选择使用 Memcached 或者 Redis 驱动。

打开 Session 的配置文件，部分配置代码如下：

```php
1  <?php
2
3  use Illuminate\Support\Str;
4
5  return [
6      'driver' => env(key: 'SESSION_DRIVER', default: 'file') ,
7      'lifetime' => env('SESSION_LIFETIME', 120),
8      'files' => storage_path('framework/sessions'),
9  ];
```

在上述代码中，driver 参数用于指定 Session 使用哪个驱动，此处表示使用默认的文件驱动；lifetime 参数用于设置 Session 的有效期；files 参数用于指定 Session 文件的保存目录。

3.3.2 Session 的基本使用

Laravel 框架没有使用 PHP 内置的 Session 功能，而是采用了一套更加灵活强大的 Session 机制，因此在 Laravel 中通过$_SESSION 方式无法获取 Session 的值。在 Laravel 中主要通过两种方式来操作 Session 数据，一种方式是通过 Request 实例，另一种方式是利用全局辅助函数 session( )来实现。

本小节将使用辅助函数实现对 Session 的增、删、改、查等操作。为了便于演示 Session 的具体使用，使用默认的文件驱动来演示 Session 的使用，Session 文件默认保存在 storage\framework\sessions 目录下，该目录下的文件名都是自动生成的，如图 3-4 所示。

图 3-4　查看 Session 文件

下面通过代码演示 session( )函数的使用。

在 TestController 中添加 testSession( )方法，具体代码如下：

```
1  public function testSession()
2  {
3      // 写入 Session
4      session(['name' => '张三']);
5      // 输出结果: 张三
6      dump(session('name'));
7  }
```

在上述代码中，第 4 行代码用于写入 Session 数据；第 6 行代码用于输出 Session 数据，输出结果为"张三"。

在 routes\web.php 中配置路由规则，具体代码如下：

```
Route::get('test/testSession', 'TestController@testSession');
```

通过浏览器访问 http://laravel.test/test/testSession，即可查看程序运行结果。

session( )函数除了可用于保存 Session 数据外，还提供了一些其他操作，具体如下：

```
1  // 当读取的 Session 不存在时, 返回默认值 0
2  dump(session('age', 0));
3  // 获取所有 Session
4  dump(session()->all());
5  // 删除名称为 name 的 Session
6  dump(session()->forget('name'));
```

```
7   // 判断名称为 name 的 Session 是否存在
8   dump(session()->has('name'));
9   // 删除全部 Session
10  session()->flush();
```

在 Laravel 框架中，Session 依赖 Illuminate\Session\Middleware\StartSession 中间件，中间件是在服务容器注册所有服务之后执行的，而控制器的构造方法是在服务容器注册服务时执行的，此时 Session 尚未启动，所以无法在控制器的构造方法中获取 Session 数据。

3.4　中间件

中间件的主要功能是过滤进入应用的 HTTP 请求。例如，利用中间件来验证用户是否已经登录，如果用户没有登录，中间件会将用户重定向到登录页面，而如果用户已经登录，中间件就会允许请求继续进入下一步操作。本节将对中间件的相关知识进行详细讲解。

3.4.1　定义中间件

中间件和控制器类似，都可以通过命令行来快速创建，定义中间件的命令如下：

```
php artisan make:middleware Test
```

在上述命令中，make:middleware 表示生成中间件；Test 是中间件的名称。上述命令执行成功后，会在 app\Http\Middleware 目录下创建一个新的中间件类 Test.php，具体代码如下：

```php
1   <?php
2
3   namespace App\Http\Middleware;
4
5   use Closure;
6
7   class Test
8   {
9       public function handle($request, Closure $next)
10      {
11          // 添加中间件逻辑
12          return $next($request); // 执行下一步操作
13      }
14  }
```

在上述代码中，Test 中间件被放在了 App\Http\Middleware 命名空间下，handle( )方法用于处理传入的请求，在第 11 行代码处可以添加执行请求前的逻辑。

除了自定义中间件外，Laravel 框架内置了一些中间件，用于处理其他任务。例如，CSRF 保护中间件、CORS 中间件、日志中间件等。常用的中间件如表 3-2 所示。

表 3-2　常用的中间件

中间件	功能描述
Authenticate	验证用户登录
CheckForMaintenance	检测项目是否处于维护模式
EncryptCookies	对 Cookie 进行加解密处理与验证
RedirectIfAuthenticated	检测用户是否登录，如果登录则重定向到首页，否则跳转到登录页面
TrimStrings	对请求内容进行前后空白字符清理
TrustProxies	设置信任代理的中间件
VerifyCsrfToken	检查 CSRF 令牌

在表 3-2 中所列中间件中已使用过 VerifyCsrfToken 中间件。

3.4.2　注册中间件

中间件定义完成后，直接访问还不能生效，要想使这个中间件生效，需要将其注册到指定路由。中间件分为 3 类，分别是全局中间件、中间件组和指定路由中间件。下面介绍这 3 类中间件的注册方法。

1. 全局中间件

全局中间件是指在每次 HTTP 请求时都被执行，如果将自定义的中间件设置为全局中间件，需要将中间件添加到 app\Http\Kernel.php 文件中的$middleware 数组中，示例代码如下：

```
1  class Kernel extends HttpKernel
2  {
3      protected $middleware = [
4          \App\Http\Middleware\TrustProxies::class,
5          （原有代码……）
6          \App\Http\Middleware\Test::class
7      ];
8  }
```

在上述示例代码中，第 6 行为新增代码，表示将自定义中间件 Test 注册为全局中间件，通常情况下，除非是业务需要，否则不建议将业务级别的中间件放到全局中间件中。

2. 中间件组

中间件组可以通过一个键名将相关中间件分配给同一个路由。例如，用户模块的各个页面都需要验证用户的登录状态，如果对每个路由都添加中间件会非常烦琐，通过中间件组可以将中间件一次分配给多个路由。

通过设置 app\Http\Kernel.php 文件中的$middlewareGroups 数组实现配置中间件组，具体代码如下：

```
1  protected $middlewareGroups = [
2      'web' => [
3          \App\Http\Middleware\EncryptCookies::class,
```

```
4            \Illuminate\Cookie\Middleware\AddQueuedCookiesToResponse::class,
5            \Illuminate\Session\Middleware\StartSession::class,
6            // \Illuminate\Session\Middleware\AuthenticateSession::class,
7            \Illuminate\View\Middleware\ShareErrorsFromSession::class,
8            \App\Http\Middleware\VerifyCsrfToken::class,
9            \Illuminate\Routing\Middleware\SubstituteBindings::class,
10       ],
11       'api' => [
12           'throttle:60,1',
13           'bindings',
14       ],
15   ];
```

在$middlewareGroups 数组中包含两组内容，分别是 web 和 api。其中，web 对应的中间件自动应用到 routes\web.php 中，api 对应的中间件自动应用到 routes\api.php 中。除了 Laravel 内置的两个中间件组外，还可以自定义中间件组，在$middlewareGroups 中新增中间件组的示例代码如下：

```
1 protected $middlewareGroups = [
2     (......原有代码)
3     'test' => [
4         \App\Http\Middleware\Test::class,
5     ],
6 ];
```

打开 app\Http\Middleware\Test.php，在 handle( )方法中添加中间件逻辑，具体代码如下：

```
1 public function handle($request, Closure $next)
2 {
3     echo '执行中间件...';      // 新增代码
4     return $next($request);
5 }
```

在上述代码中，第 3 行代码为新增代码，表示在处理请求前输出"执行中间件..."。

在 routes\web.php 配置中间件，示例代码如下：

```
1 Route::group(['middleware' => ['test']], function () {
2     Route::get('/', function () {
3         return view('welcome');
4     });
5 });
```

上述代码设置完成后，通过浏览器访问首页，其运行结果如图 3-5 所示。

图 3-5　执行 Test 中间件组的运行结果

在图 3-5 中，当访问首页时会输出"执行中间件…"，表示 Test 中间件组执行成功。

3. 指定路由中间件

分配中间件到指定路由，需要在 app\Http\Kernel.php 文件的$routeMiddleware 数组中给中间件分配一个 key。默认情况下，类中的$routeMiddleware 数组包含了 Laravel 自带的中间件，如果要添加自定义的中间件，只需在该数组中追加一组键值对即可。示例代码如下：

```
1  protected $routeMiddleware = [
2      (……原有代码)
3      'test' => \App\Http\Middleware\Test::class
4  ];
```

在路由规则中，调用 middleware( )方法将中间件分配到路由，具体代码如下：

```
Route::get('test/form', 'TestController@form')->middleware('test');
```

将中间件注册到路由中后，在请求 TestController 的 form( )方法时，会先执行 Test 中间件。通过浏览器访问 http://laravel.test/test/form，其页面效果如图 3-6 所示。

图 3-6   中间件执行后的页面效果

从图 3-6 中的输出结果可知，在访问 TestController 的 form( )方法时，会先进入到 Test 中间件，输出"执行中间件…"，然后再执行 TestController 中的方法。

3.4.3   利用中间件验证用户登录

在 Web 应用开发中，经常需要实现用户登录的功能。假设有一个名称为"Tom"的用户，当该用户进入网站首页时，如果还未登录，则页面会自动跳转到登录页面。当用户登录时，如果用户名和密码都正确，则登录成功，并利用 Session 保存用户的登录状态；否则，提示用户名或密码输入不正确，登录失败。

在 Laravel 框架中实现用户登录功能，其实现思路大致如下。

（1）创建登录页面，在登录页面的<form>表单显示用户名、密码输入框和"登录"按钮。

（2）接收用户登录的表单，使用自动验证规则对表单数据进行验证，判断用户名和密码是否正确，如果正确，将用户的登录状态保存到 Session 中。

（3）创建验证用户登录的中间件，在中间件中验证 Session 中是否存在用户信息，如果存在则显示首页，否则跳转到登录页面。

（4）创建首页，在打开首页时，执行验证用户登录的中间件。

下面根据上述思路实现用户登录案例，具体步骤如下。

（1）创建 UserController，添加 login( )方法显示登录页面，具体代码如下：

```php
1  <?php
2
3  namespace App\Http\Controllers;
4
5  class UserController extends Controller
6  {
7      public function login()
8      {
9          return view('user.login');
10     }
11 }
```

（2）创建 resources\views\user\login.blade.php，添加登录表单，具体代码如下：

```
1  <form action="" method="post">
2    用户名: <input type="text" name="name"><br>
3    密码: <input type="text" name="password"><br>
4    {{ csrf_field() }}
5    <input type="submit" value="登录">
6  </form>
```

（3）在 routes\web.php 中配置路由规则，具体代码如下：

```
Route::get('user/login', 'UserController@login');
```

通过浏览器访问，用户登录页面如图 3-7 所示。

图 3-7　用户登录页面

（4）在 UserController 创建 check( )方法，接收用户提交的登录表单，具体代码如下：

```php
1  public function check(Request $request)
2  {
3      $name = $request->input('name');
4      $password = $request->input('password');
5      $rule = [
6          'name' => 'required',
7          'password' => 'required'
8      ];
9      $message = [
10         'name.required' => '用户名不能为空',
11         'password.required' => '密码不能为空'
12     ];
```

```
13    $validator = Validator::make($request->all(), $rule, $message);
14    if ($validator->fails()) {
15        foreach ($validator->getMessageBag()->toArray() as $v) {
16            $msg = $v[0];
17        }
18        return $msg;
19    }
20    if ($name != 'admin' || $password != '123456') {
21        return '用户名或密码不正确';
22    }
23    session(['users' => ['id' => 1,'name' => 'admin']]);
24    return '登录成功';
25 }
```

在上述代码中，第 3 行和第 4 行代码接收用户提交的用户名和密码；第 5～13 行代码使用自动验证对数据进行验证；第 14～19 行代码输出验证的结果；第 20～22 行代码判断用户输入的用户名和密码是否正确，如果验证通过，则执行第 23 行代码将用户数据写入 Session。

在对用户输入的用户名和密码进行判断时，由于还没有学习从数据库查询数据的方法，暂时将用户名和密码写成固定值。

（5）在 routes\web.php 中配置路由规则，具体代码如下：

```
Route::get('user/check', 'UserController@check')->name('check');
```

（6）修改 login.blade.php 登录表单的提交地址，具体代码如下：

```
<form action="{{ route('check') }}" method="post">
```

在 UserController 中引入 Request 实例和自动验证的命名空间，具体代码如下：

```
1 use Illuminate\Http\Request;
2 use Illuminate\Support\Facades\Validator;
```

通过浏览器访问，在输入正确的用户名和密码时，查看用户是否可以正确登录。

（7）创建网站首页，在 UserController 类中创建 index()方法，具体代码如下：

```
1 public function index()
2 {
3     return view('user.index');
4 }
```

（8）创建 resources\views\user\index.blade.php，具体代码如下：

```
1 <!DOCTYPE html>
2 <html>
3 <head>
4   <meta charset="UTF-8">
5   <title>首页</title>
6 </head>
7 <body>
8   网站首页
9 </body>
10 </html>
```

（9）用户访问首页时，需要验证登录状态，创建 User.php 中间件，验证用户是否登录，具体代码如下：

```
1  <?php
2
3  namespace App\Http\Middleware;
4
5  use Closure;
6
7  class User
8  {
9      public function handle($request, Closure $next)
10     {
11         if (!session()->has('users')) {
12             return redirect('/user/login');
13         }
14         return $next($request);
15     }
16 }
```

在上述代码中，第 11～13 行代码用于验证用户是否登录，如果未登录则跳转到登录页面。

（10）将 User.php 中间件注册到指定路由，在 app\Http\Kernel.php 的 $routeMiddleware 数组中注册中间件，具体代码如下：

```
1  protected $routeMiddleware = [
2      (......原有代码)
3      'user' => \App\Http\Middleware\User::class
4  ];
```

（11）在 routes\web.php 中配置首页路由规则，具体代码如下：

```
Route::get('user/index, 'UserController@index')->middleware('user');;
```

通过浏览器访问，在未登录状态下访问首页时，会自动跳转至登录页面，当用户登录成功后再次访问首页，会正常打开首页。

3.5 Auth 认证

Laravel 提供了一套完整的用户认证体系，称为 Auth 认证。Auth 认证遵循开箱即用原则，通过简单的命令安装后即可使用。下面将介绍如何使用 Auth 认证功能。

3.5.1 什么是 Auth 认证

在网站开发中，由于用户注册、用户登录和找回密码等功能已成为网站必备的基础功能，故 Laravel 框架将这些功能作为独立的部分抽象出来，供开发者使用，从而极大地提高了开发效率。使用 Auth 认证时开发者无需实现登录逻辑，只要建立对应的数据表，根据需要修改相关配置后即可使用。

用户认证的配置文件位于 config\auth.php，具体内容如下：

```
1  <?php
2
```

```
3  return [
4     'defaults' => [
5        'guard' => 'web',
6        'passwords' => 'users',
7     ],
8     'guards' => [
9        'web' => [
10           'driver' => 'session',
11           'provider' => 'users',
12        ],
13        'api' => [
14           'driver' => 'token',
15           'provider' => 'users',
16           'hash' => false,
17        ],
18     ],
19     'providers' => [
20        'users' => [
21           'driver' => 'eloquent',
22           'model' => App\User::class,
23        ],
24        // 'users' => [
25        //    'driver' => 'database',
26        //    'table' => 'users',
27        // ],
28     ],
29     'passwords' => [
30        'users' => [
31           'provider' => 'users',
32           'table' => 'password_resets',
33           'expire' => 60,
34        ],
35     ],
36 ];
```

在上述配置文件中，defaults 配置项是身份验证的默认配置；guards 配置项用于定义用户在每个请求中如何认证用户身份，且支持 Session 和令牌；providers 配置项用于定义检索用户的方式，支持数据库和 Eloquent 模型，例如，使用 Eloquent 模型检索用户，如果项目中有多个用户表或模型，则可以配置多个；passwords 配置项用于设置重置密码的相关配置。

3.5.2　在项目中使用 Auth 认证

在了解了 Auth 认证后，下面在 Laravel 框架中完成用户登录验证的功能，其实现思路大致如下：①创建登录页面；②显示登录表单；③用户输入用户名和密码后提交表单；④在服务端验证用户名和密码的正确性；⑤输出验证的结果信息。其具体实现步骤如下。

（1）使用 Auth 认证前需要先进行安装，在命令行中切换至项目根目录，执行如下命令安装

Auth 认证。

```
php artisan make:auth
```

　　上述命令的执行结果如图 3-8 所示。

图 3-8　安装 Auth 认证命令的执行结果

　　执行完上述命令后，会在项目中快速安装 Auth 认证所需的所有路由和视图，视图文件位于 resources\views\auth 目录中，还会创建一个包含应用程序基本布局的 resources\views\layouts 目录，所有这些视图都使用了 Bootstrap 框架的 CSS 样式。

　　执行上述命令后，自动生成的用户认证模块的路由如表 3-3 所示。

表 3-3　自动生成的用户认证模块的路由

路由	功能描述
register	用户注册
login	用户登录
logout	用户退出
password/reset	重置密码

　　用户认证模块相关的路由规则定义在 vendor\laravel\framework\src\Illuminate\Routing 目录下的 Router.php 文件中，读者可通过该文件查看指定路由对应访问的控制器。

　　（2）在安装框架时默认创建了 Auth 认证模块使用的数据表迁移文件，用于自动创建 Auth 认证所需的 users 数据表和 password_resets 数据表。需要执行以下两行命令来安装和执行迁移。

```
php artisan migrate:install
php artisan migrate
```

　　上述命令中，第 1 行的命令是安装迁移，第 2 行的命令是执行迁移。数据表迁移的相关内容会在后面章节中详细讲解，此处读者仅需了解即可。

　　（3）通过浏览器访问 http://laravel.test/register，显示的注册页面如图 3-9 所示。

　　在图 3-9 所示的注册页面中，填写 Name（姓名）、E-Mail Address（邮箱）、Password（密码）和 Confirm Password（确认密码）后即可进行注册。用户注册后，users 数据表中会生成一条用户数据。

　　（4）通过浏览器访问 http://laravel.test/login，显示的登录页面如图 3-10 所示。

　　在图 3-10 所示的登录页面中，填写 E-Mail Address（邮箱）和 Password（密码）即可登录，登录成功后会跳转至 HomeController 的 index( )方法中。

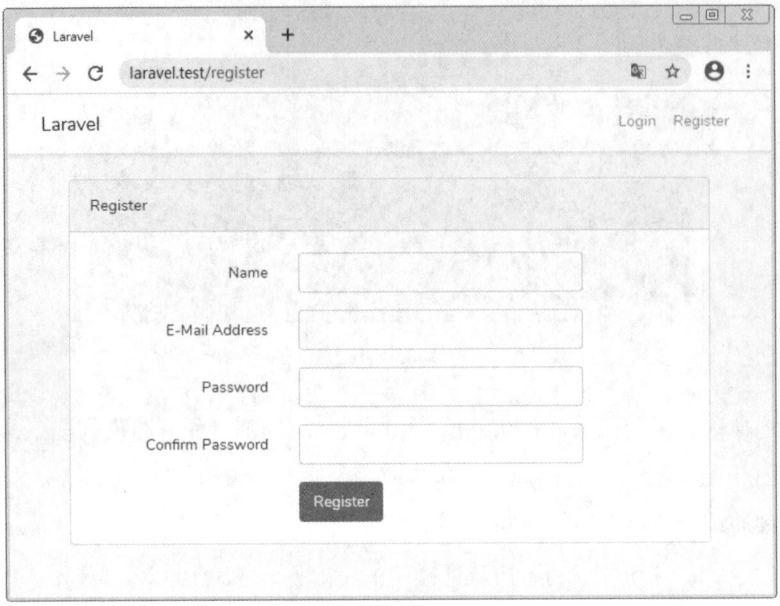

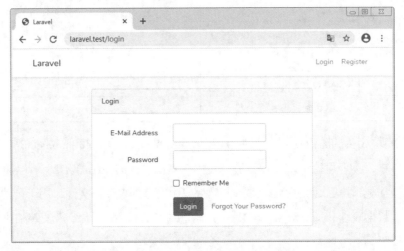

图 3-9　注册页面

图 3-10　登录页面

3.5.3　自定义登录页面

Auth 认证模块自带的登录页面虽然用起来简单、方便，但不够灵活，可以根据实际需要编写一个自定义的登录页面。下面将实现一个自定义登录页面，读者通过亲自实践也能够深入了解到 Laravel 框架是如何对用户进行验证的。

（1）创建 resources\views\login.blade.php，具体代码如下：

```
1  @extends('layouts.app')
2  @section('content')
```

```
3    <div class="container">
4      <div class="row justify-content-center">
5        <div class="col-md-8">
6          <div class="card">
7            <div class="card-header">登录</div>
8            <div class="card-body">
9              <!-- 登录表单代码在下一步中实现 -->
10           </div>
11         </div>
12       </div>
13     </div>
14   </div>
15 @endsection
```

在上述代码中，使用模板继承实现登录页面。

（2）创建登录表单，具体代码如下：

```
1  <form method="POST" action="表单提交地址">
2    <div class="form-group row">
3      <label for="email" class="col-md-4 col-form-label text-md-right">
4        用户名
5      </label>
6      <div class="col-md-6">
7        <input type="username" class="form-control" name="username" required
8  @error('username') is-invalid @enderror value="{{ old('username') }}"
9  autocomplete="username" autofocus>
10       @error('username')
11         <span class="invalid-feedback" role="alert">
12           <strong>{{ $message }}</strong>
13         </span>
14       @enderror
15     </div>
16   </div>
17   <div class="form-group row">
18     <label for="password" class="col-md-4 col-form-label text-md-right">
19       密码
20     </label>
21     <div class="col-md-6">
22       <input type="password" class="form-control" name="password" required
23 autocomplete="current-password">
24       @error('password')
25         <span class="invalid-feedback" role="alert">
26           <strong>{{ $message }}</strong>
27         </span>
28       @enderror
29     </div>
30   </div>
31   <div class="form-group row">
32     <div class="col-md-6 offset-md-4">
33       <div class="form-check">
34         <input class="form-check-input" type="checkbox" name="remember"
```

```
35 id="remember" {{ old('remember') ? 'checked' : '' }}>
36     <label class="form-check-label" for="remember">下次自动登录</label>
37   </div>
38 </div>
39 </div>
40 <div class="form-group row mb-0">
41   <div class="col-md-8 offset-md-4">
42     {{ csrf_field() }}
43     <button type="submit" class="btn btn-primary">登录</button>
44   </div>
45 </div>
46 </form>
```

（3）在 TestController 中创建 login()方法，用于显示登录页面，具体代码如下：

```
1 public function login()
2 {
3    return view('login');
4 }
```

（4）为 login()方法配置路由，具体代码如下：

```
Route::get('test/login', 'TestController@login');
```

（5）由于 Laravel 框架默认使用邮箱进行登录验证，如果想使用用户名进行登录，需要在 app\Http\Controllers\Auth\LoginController.php 中添加 username()方法，具体代码如下：

```
1 public function username()
2 {
3    return 'username';
4 }
```

（6）通过浏览器访问 http://laravel.test/test/login，自定义登录页面如图 3-11 所示。

图 3-11　自定义登录页面

（7）设置登录表单的提交地址，具体代码如下：

```
<form method="POST" action="{{ route('login') }}">
```

上述代码中，设置表单提交地址为 login 的路由，该路由对应的地址为 LoginController 的 login()方法，但是在此控制器中未找到该方法，这是由于 LoginController 引用了 Trait，打开 Illuminate\Foundation\

Auth\AuthenticatesUsers.php，在该文件中即可看到实现用户登录和退出的相关验证方法。

（8）查看 AuthenticatesUsers.php 中的 login( )方法，具体代码如下：

```
1  public function login(Request $request)
2  {
3      $this->validateLogin($request);
4      if (method_exists($this, 'hasTooManyLoginAttempts') &&
5          $this->hasTooManyLoginAttempts($request)) {
6          $this->fireLockoutEvent($request);
7          return $this->sendLockoutResponse($request);
8      }
9      if ($this->attemptLogin($request)) {
10         return $this->sendLoginResponse($request);
11     }
12     $this->incrementLoginAttempts($request);
13     return $this->sendFailedLoginResponse($request);
14 }
```

在上述代码中，第 3 行代码用于对用户请求的数据进行验证；第 4~8 行代码用于限制用户登录次数；第 9~11 行代码用于登录成功时跳转至应用程序；第 12 行代码用于当用户登录失败时，重定向至登录表单；当登录次数超过最大尝试次数时将被锁定，通过第 13 行代码获取登录失败的响应信息。

（9）通过浏览器进行访问，在页面中输入正确的用户名和密码，查看用户是否可以登录成功。

本章小结

本章先讲解了什么是 CSRF 攻击和在框架中如何防御 CSRF 攻击，其次介绍了如何对用户提交的数据进行自动验证，然后讲解了 Session 机制和中间件的使用方法，最后讲解了 Laravel 框架的 Auth 认证功能。通过学习本章的内容，希望读者能够使用 Laravel 框架开发出安全性强、带有用户认证的项目。

课后练习

一、填空题

1. 在视图中使用＿＿＿＿＿＿和＿＿＿＿＿＿语法来获取令牌。

2. 验证某个值在数据表中是否唯一的验证规则是＿＿＿＿＿＿。

3. Session 配置文件是＿＿＿＿＿＿。

4. 定义中间件的命令是＿＿＿＿＿＿。

5. 用户认证的配置文件是＿＿＿＿＿＿。

二、判断题

1. Laravel 通过对发送过来的请求进行令牌验证来抵御 CSRF 攻击。（　　）

2. Laravel 框架默认会对用户提交的数据进行自动验证，不需要进行特殊处理。（　　）

3. 在控制器中通过调用$this->validate( )方法可以进行自动验证。（　　）

4. 使用中间件是为了提高请求的响应速度。（　　）

5. 验证规则中使用 alpha 验证输入的数据必须是字母。（　　）

三、选择题

1. 下列关于自动验证的说法正确的是（　　）。

A. 在任何请求中都会自动验证数据的合法性

B. 自动验证可确保数据在进入数据库之前必须是符合要求的格式

C. 在 Ajax 请求中无法使用自动验证

D. 自动验证是为了确保用户访问页面的安全性

2. 下列关于 CSRF 攻击说法正确的是（　　）。

A. 使用 CSRF 攻击可以防止用户的信息被窃取，提高数据的安全性

B. 在 Laravel 框架中，只对 POST 方法提交的表单进行 CSRF 验证

C. 在 Laravel 框架中，所有表单提交时都需要进行 CSRF 验证

D. CSRF 验证会增加请求的耗时，通常不推荐使用

3. 下列选项中，不属于自动验证的验证规则的是（　　）。

A. int　　　　　　　　B. string　　　　　　　　C. accepted　　　　　　　　D. email

4. 下列关于 Session 的说法错误的是（　　）。

A. Laravel 中存储 Session 支持多种类型的驱动，如文件、数据库等

B. 将 Session 存储在 Redis 中，可以提高访问速度

C. 将 Session 数据存储在数组中，也可以长久存储

D. 使用 session( )->flush( )语句可以删除全部 Session 数据

5. 下列 Session 操作错误的是（　　）。

A. Session::put('name', '张三');　　　　　　　　B. Session::get('name');

C. Session::get('age', 0);　　　　　　　　D. Session::select( );

四、简答题

1. 请简述什么是 CSRF 攻击。

2. 请列举出自动验证中常用的验证规则。

第 **4** 章

数据库操作

★ 掌握 DB 类的使用方法，能够使用 DB 类操作数据库。

★ 掌握模型的定义和使用，能够使用模型操作数据库。

★ 掌握不同模型关联方式的定义，能够在项目中熟练使用关联模型。

★ 掌握数据表迁移和填充工具的使用，能够使用命令完成数据表的创建和填充。

数据库是程序设计的重要部分，不同数据库的连接方法和查询语句都不同，如果项目后期有更换数据库的需求，就需要在项目中修改所有的查询语句和连接方法，这是一个相当大的工作量。Laravel 框架采用统一的接口实现对不同数据库操作的封装，使得对数据库的连接和操作变得非常容易。本章以 MySQL 为例，对 Laravel 框架中的数据库操作进行详细讲解。

4.1 数据库的创建与配置

在使用 Laravel 框架操作数据库前，需要先确保在 MySQL 中已经创建了数据库，并在数据库中准备一张测试用的数据表。准备好数据库后，还需要在 Laravel 中配置数据库的连接信息，如数据库的地址、数据库名、用户名和密码等。

下面创建一个数据库，数据库的名称为 laravel，在数据库中创建 member 表并插入测试数据，具体步骤如下。

（1）通过 SQL 创建数据库和数据表，具体 SQL 如下：

```
# ① 创建数据库，并使用 USE 选择数据库
CREATE DATABASE `laravel`;
USE `laravel`;
# ② 在数据库中创建 member 数据表
```

```
CREATE TABLE `member` (
  `id` INT PRIMARY KEY AUTO_INCREMENT,
  `name` VARCHAR(32) NOT NULL DEFAULT '',
  `age` TINYINT UNSIGNED NOT NULL DEFAULT 0,
  `email` VARCHAR(32) NOT NULL DEFAULT ''
) ENGINE=InnoDB CHARSET=utf8mb4;
# ③ 在 member 数据表中插入测试数据
INSERT INTO `member` VALUES (1, 'tom', 20, 'tom@laravel.test');
```

（2）在 Laravel 框架中配置数据库。数据库的配置文件是 config\database.php，在该文件中可以找到如下代码。

```
1  'mysql' => [
2      'driver' => 'mysql',                       // 数据库驱动
3      'host' => env('DB_HOST', '127.0.0.1'),     // 主机名或 IP
4      'port' => env('DB_PORT', '3306'),          // 端口
5      'database' => env('DB_DATABASE', 'forge'), // 数据库名
6      'username' => env('DB_USERNAME', 'forge'), // 用户名
7      'password' => env('DB_PASSWORD', ''),      // 密码
8      'unix_socket' => env('DB_SOCKET', ''),     // socket 路径
9      'charset' => 'utf8mb4',                    // 字符集
10     'collation' => 'utf8mb4_unicode_ci',       // 校对集
11     'prefix' => '',                            // 数据库表前缀
12     'strict' => true,                          // 使用严格模式
13     'engine' => null,                          // 指定存储引擎
14 ],
```

在上述代码中，数据库的大部分配置都是通过 env()函数进行加载的，函数中的第 1 个参数是配置名，第 2 个参数是默认值。这个函数用于从.env 文件中读取数据库配置。

▌▌ 小提示：

　　.env 文件用于保存项目相关的配置信息。当同一个项目在不同的环境下运行时，只需要修改该环境对应的 ".env" 文件即可。

（3）打开.env 文件，从文件中找到数据库的配置，对配置进行修改。具体代码如下：

```
DB_CONNECTION=mysql
DB_HOST=127.0.0.1
DB_PORT=3306
DB_DATABASE=laravel
DB_USERNAME=root
DB_PASSWORD=123456
```

上述配置表示连接 MySQL 服务器，地址为 127.0.0.1，端口为 3306，数据库名是 laravel，用户名是 root，密码为 123456。

4.2　使用 DB 类操作数据库

在 Laravel 中，DB 类对常用的数据库操作进行了封装，可以完成数据的添加、修改、查询和删除等操作，对于一些复杂的需求，也可以手写 SQL 让 DB 类执行。本节将对 DB 类的常用数据

库操作进行讲解。

4.2.1　DB 类的使用步骤

在完成数据库的创建与配置后，下面来学习 DB 类的基本使用步骤。

（1）在 TestController 中引入 DB 类，具体代码如下：

```
1  <?php
2
3  namespace App\Http\Controllers;
4
5  use DB;              // 引入 DB 类
6  ……（原有代码）
```

上述代码直接通过 "use DB" 引入 DB 类，而没有加上很长的命名空间，这是因为在
config\app.php 中，已经预先为 DB 类设置了别名，在该文件中可以找到如下代码。

```
1  'aliases' => [
2     ……
3     'DB' => Illuminate\Support\Facades\DB::class,
4     ……
5  ],
```

上述代码配置了 Laravel 框架中一些常用类的别名，在使用这些类时，直接导入别名即可，避
免书写很长的命名空间。

（2）在 TestController 中编写一个 database( )方法，用于测试 DB 类，具体代码如下：

```
1  public function database()
2  {
3     $data = DB::table('member')->get();
4     foreach ($data as $v) {
5        dump($v->id . '-' . $v->name);
6     }
7  }
```

在上述代码中，第 3 行代码用于在 member 数据表中查询数据，将查询后返回的结果保存到
$data 变量中；第 4～6 行代码用于遍历$data，输出里面的 id 和 name 字段的值；第 5 行代码中的
dump( )函数是 Laravel 提供的助手函数，类似于 var_dump( )函数，但提供了更好的显示效果。

（3）将 database( )方法添加到路由，具体代码如下：

```
Route::get('test/database', 'TestController@database');
```

通过浏览器访问 http://laravel.test/test/database，可以看到如图 4-1 所示的查询结果。由此可见，
Laravel 已经成功查询到了数据库中的数据。

图 4-1　查询结果

4.2.2 添加数据

使用 DB 类为数据表添加数据有两个常用的方法，分别是 insert( )和 insertGetId( )，前者的返回值为 true 或 false，表示是否添加成功，后者的返回值为自动增长的 id。

下面通过代码演示 insert( )和 insertGetId( )方法的使用。具体代码如下：

```
1  $data = [
2     'name' => 'tom',
3     'age' => 22,
4     'email' => 'tom@laravel.test'
5  ];
6  // insert()方法
7  dump(DB::table('member')->insert($data));
8  // insertGetId()方法
9  dump(DB::table('member')->insertGetId($data));
```

在上述代码中，第 1~5 行代码定义了要添加的数据；第 7 行代码演示了 insert( )方法的使用；第 9 行代码演示了 insertGetId( )方法的使用。

通过浏览器访问，可以看到 insert( )方法返回了 true，insertGetId( )方法返回了新记录的自动增长的 id。插入数据运行结果如图 4-2 所示。

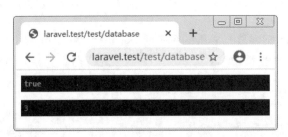

图 4-2 插入数据运行结果

使用 insert( )方法还可以同时添加多条数据，具体代码如下：

```
1  $data = [
2     ['name' => 'tom', 'age' => 23, 'email' => 'tom@laravel.test'],
3     ['name' => 'jim', 'age' => 24, 'email' => 'jim@laravel.test'],
4     ['name' => 'tim', 'age' => 25, 'email' => 'tim@laravel.test'],
5  ];
6  dump(DB::table('member')->insert($data));
```

执行上述代码后，在数据库中可以看到$data 数组中成功添加了 3 条记录。

4.2.3 修改数据

修改数据可以用 update( )、increment( )或 decrement( )方法来实现。update( )方法用于修改指定的字段，increment( )方法用于对数字进行递增，decrement( )方法用于对数字进行递减。这些方法的返回值是受影响的行数。

下面通过代码分别演示 update( )、increment( )和 decrement( )方法的使用。示例代码如下：

```
1  // 将表中所有记录的 name 字段的值都改为 tom
2  $data = ['name' => 'tom'];
3  dump(DB::table('member')->update($data));
4  // 将表中所有记录的 age 字段的值都加 1
5  dump(DB::table('member')->increment('age'));
6  // 将表中所有记录的 age 字段的值都减 1
7  dump(DB::table('member')->decrement('age'));
8  // 将表中所有记录的 age 字段的值都加 5
9  dump(DB::table('member')->increment('age', 5));
10 //将表中所有记录的 age 字段的值都减 5
11 dump(DB::table('member')->decrement('age', 5));
```

上述操作是对表中所有记录的操作。但在实际开发中，通常会用 WHERE 条件限定要操作的记录。因此，在调用 update( )、increment( )或 decrement( )方法前，可以先调用 where( )方法传递一些 WHERE 条件。where( )方法的参数形式有 3 种，下面分别进行演示。

```
1  // 参数形式 1：where(字段名, 运算符, 字段值)
2  DB::table('member')->where('id', '=', 1)->update($data);
3  // 参数形式 2：where(字段名, 字段值), 默认使用 "=" 运算符
4  DB::table('member')->where('id', 1)->update($data);
5  // 参数形式 3：where([字段名 => 字段值]), 默认使用 "=" 运算符, 支持多个字段, AND 关系
6  DB::table('member')->where(['id' => 1])->update($data);
```

以上 3 种参数形式都实现了 SQL 中的 "WHERE id=1" 的效果。

当 WHERE 条件有多个时，可以在 where( )的后面连续调用 where( )或 orWhere( )，连续调用 where( )表示 AND 条件，连续调用 orWhere( )表示 OR 条件，示例代码如下：

```
1  // where()表示 AND, 即 "WHERE id=1 AND name='tom'"
2  DB::table('member')->where(['id' => 1])->where(['name' => 'tom'])->…
3  // orWhere()表示 OR, 即 "WHERE id=1 OR name='tom'"
4  DB::table('member')->where(['id' => 1])->orWhere(['name' => 'tom'])->…
```

另外，where( )和 orWhere( )方法也可以用于查询数据、删除数据的操作中。

4.2.4 查询数据

在 Laravel 中，查询数据的方式有很多，如查询多行数据、查询单行数据、查询指定字段或某个字段的值、排序、分页等，下面分别进行讲解。

1. 查询多行数据

查询多行数据使用 get( )方法，示例代码如下：

```
1  $data = DB::table('member')->get();
2  foreach ($data as $v) {
3      echo $v->id . '-' . $v->name . '<br>';
4  }
```

在上述代码中，由于 get( )方法返回的是一个集合（Collection），需要通过 foreach 取出里面的每一条记录。每一条记录都是一个对象，因此需要用对象访问属性的方式来获取指定字段的值。

在调用 get( )方法前，可以通过 where( )方法指定查询条件，示例代码如下：

```
DB::table('member')->where('id', '<', 3)->get();
```

上述代码表示查询 id 小于 3 的记录。

2. 查询单行数据

查询单行数据使用 first( )方法，示例代码如下：

```
1  // 查询 id 为 1 的记录
2  $data = DB::table('member')->where('id', 1)->first();
3  // 输出 id 字段的值
4  dump($data->id);
```

在上述代码中，first( )方法返回的是一个对象，代表一条记录，通过访问对象的属性来获取字段的值。

3. 查询指定字段的值

在前面的代码演示中，在调用 get( )、first( )方法时，并没有指定要查询的字段，实际上是查询了所有的字段，类似 SQL 中的 "SELECT *"。如果需要指定查询的字段，可以将字段名通过数组参数传入，示例代码如下：

```
1  // 获取 name 和 email 两个字段，返回多条记录
2  $data = DB::table('member')->get(['name', 'email']);
3  dump($data);
4  // 获取 name 和 email 两个字段，返回一条记录
5  $data = DB::table('member')->first(['name', 'email']);
6  dump($data);
```

此外，还可以使用 select( )方法指定要查询的字段，示例代码如下：

```
1  // 获取 name、email 两个字段
2  $data = DB::table('member')->select('name', 'email')->get();
3  dump($data);
4  // 获取 name、email 两个字段（数组参数）
5  $data = DB::table('member')->select(['name', 'email'])->get();
6  dump($data);
7  // 获取 name 字段，并设置别名为 username
8  $data = DB::table('member')->select('name as username')->get();
9  dump($data);
10 // 不解析字段，直接传入字符串作为字段列表
11 $data = DB::table('member')->select(DB::raw('name,age'))->get();
12 dump($data);
```

4. 查询某个字段的值

使用 value( )方法可以只返回某一个字段的值，示例代码如下：

```
1  // 查询 id 为 1 的记录，返回 name 字段的值
2  $name = DB::table('member')->where('id', 1)->value('name');
3  // 输出结果
4  dump($name);
```

在上述代码中，value( )方法的参数表示字段名，返回的结果是该字段的值。

5. 排序

使用 orderBy( )方法可以在查询中进行排序，该方法有两个参数，第 1 个参数表示根据哪个字段进行排序；第 2 个参数表示排序规则，可以是 asc（升序）或 desc（降序）。

下面通过代码演示 orderBy( )方法的使用。示例代码如下：

```
1  $data = DB::table('member')->orderBy('age', 'desc')->get();
2  dump($data);
```

在上述代码中，orderBy('age', 'desc')相当于 SQL 中的"ORDER BY age DESC"。

6. 分页

分页查询使用 limit( )方法和 offset( )方法来实现，其中，limit( )方法用于指定每页显示的记录数，offset( )方法用于设置开始的偏移量。示例代码如下：

```
1  $data = DB::table('member')->limit(3)->offset(2)->get();
2  dump($data);
```

在上述代码中，limit(3)和 offset(2)相当于 SQL 中的"LIMIT 3, 2"。

4.2.5　删除数据

删除数据有两种方式，第 1 种方式是使用 delete( )方法删除指定的记录，第 2 种方式是使用 truncate( )方法清空整个数据表。下面通过代码进行演示，示例代码如下：

```
1  // 删除 id 为 1 的记录，返回值为删除的行数
2  $res = DB::table('member')->where('id', 1)->delete();
3  dump($res);
4  // 清空数据表（相当于 SQL 中的"TRUNCATE member"）
5  DB::table('member')->truncate();
```

4.2.6　执行 SQL

在开发中，有时会遇到一些复杂的 SQL，无法使用封装好的方法来实现，此时可以通过 DB 类直接执行 SQL。

针对不同类型的 SQL，DB 类提供了不同的方法，下面通过代码进行演示。示例代码如下：

```
1   // 执行 SELECT 语句，返回结果集
2   $data = DB::select('SELECT * FROM `member`');
3   dump($data);
4   // 执行 INSERT 语句，返回 true 或 false
5   DB::insert('INSERT INTO `member` SET `name`=\'tom\'');
6   // 执行 UPDATE 语句，返回受影响的行数
7   DB::update('UPDATE `member` SET `age`=20 WHERE `name`=\'tom\'');
8   // 执行 DELETE 语句，返回受影响的行数
9   DB::delete('DELETE FROM `member` WHERE `name`=\'tom\'');
10  // 执行其他语句，如 CREATE TABLE，返回 true 或 false
11  DB::statement('CREATE TABLE `test` (`id` INT)');
```

在实际开发中，一般情况下不建议直接执行 SQL，因为 Laravel 封装好的方法功能更强、可读性更好、安全性更高，可以避免 SQL 注入等问题。

4.2.7　连接查询

在项目开发中，有时需要连接多张表来进行操作，一般是通过 MySQL 中的左连接、右连接来实现的。例如，文章表和作者表，每一篇文章都有一个作者，在文章表中需要保存作者的 id。当查询文章时，需要把文章的作者也查询出来。具体 SQL 如下：

```
# 文章表
CREATE TABLE `article` (
  `id` INT UNSIGNED PRIMARY KEY AUTO_INCREMENT,
  `article_name` VARCHAR(50) NOT NULL COMMENT '文章名称',
  `author_id` INT UNSIGNED NOT NULL COMMENT '作者id'
) DEFAULT CHARSET=utf8mb4;
# 作者表
CREATE TABLE `author` (
  `id` INT UNSIGNED PRIMARY KEY AUTO_INCREMENT,
  `author_name` VARCHAR(20) NOT NULL COMMENT '作者名称'
) DEFAULT CHARSET=utf8mb4;
# 测试数据
INSERT INTO `article` VALUES (1, '欢迎使用Laravel', 1);
INSERT INTO `author` VALUES (1, '张三');
```

在上述 SQL 中，文章表的 author_id 字段保存了作者 id，这个字段又称为 author 表的外键，通过这个字段可以找到文章对应的作者。

在确定了文章表和作者表的字段后，就可以编写如下 SQL 来实现连接查询。

```
SELECT t1.`id`, t1.`article_name`, t2.`author_name`
FROM `article` AS t1
LEFT JOIN `author` AS t2
ON t1.`author_id`=t2.`id`;
```

上述 SQL 执行后，查询结果如下：

```
+----+---------------+-------------+
| id | article_name  | author_name |
+----+---------------+-------------+
|  1 | 欢迎使用Laravel | 张三        |
+----+---------------+-------------+
```

在 Laravel 中实现连接查询的方法也很简单。在使用 DB 类操作数据库时，可以调用 leftjoin( ) 方法表示左连接，该方法的第 1 个参数表示要连接的表，第 2～4 个参数表示 ON 条件，示例代码如下：

```
1 public function database()
2 {
3     $data = DB::table('article AS t1')->select(
4         't1.id',
5         't1.article_name AS article_name',
6         't2.author_name AS author_name'
7     )->leftjoin(
8         'author AS t2',
9         't1.author_id', '=', 't2.id'
```

```
10      )->get();
11      foreach ($data as $v) {
12          echo $v->id . '-' . $v->article_name . '-' . $v->author_name;
13      }
14  }
```

上述代码执行后，输出结果为"1-欢迎使用 Laravel-张三"。

4.3　使用模型操作数据库

Laravel 框架中内置了一个名称为 Eloquent 的模型组件，可使用该组件来操作数据库。本节将对模型的使用进行详细讲解。

4.3.1　初识模型

Laravel 框架中的 Eloquent 模型采用了对象关系映射（Object Relational Mapping，ORM）的设计思想。ORM 用于在关系型数据库和对象之间建立映射，它将数据库中的表作为类，表中的记录作为对象，表中的字段作为属性。这样，在操作数据库时，就不需要与复杂的 SQL 打交道了，只要像平时操作对象一样操作数据库即可。

从代码层面来说，Eloquent 模型采用了目前在大部分框架中非常流行的活动记录模式，实现了一种简单、美观的数据库操作方式。下面通过代码演示普通查询方式和使用 Eloquent 模型查询的区别，具体代码如下：

```
1   // 普通查询方式
2   $sql = 'SELECT id,name FROM member WHERE id = 1';
3   $data = DB::select($sql);
4   $username = $data['name'];
5   // Eloquent 模型查询
6   $member = Member.get(1);
7   $username = $member.name;
```

在上述代码中，第 2～4 行代码使用普通查询方式查询 member 表中 id 为 1 的用户信息；第 6 行和第 7 行使用 Eloquent 模型查询数据，将 member 表映射成对象，通过调用 get()方法传入用户 id，获取该用户信息，获取查询结果中的某个字段的值通过"数据对象.字段名"的方式来实现，这与面向对象中操作对象的属性相似。

通过观察上述代码可知，使用 Eloquent 模型操作数据库的优点如下。

（1）不需要书写 SQL，直接使用已经封装好的数据库操作就可以查询数据。

（2）数据模型都统一定义，容易更新和维护，也利于代码重用。

（3）ORM 有封装好的工具，很多功能都可以自动完成，如预处理、事务等。

（4）业务代码比较简单，代码量少，语义性好，容易理解。

但是事物都具有两面性，虽然使用 Eloquent 模型可以很方便地查询数据，但也存在一些缺点。

例如，ORM 库不是轻量级工具，需要花时间精力去学习和设置；ORM 无法实现复杂的查询 SQL，对于复杂的查询需求，使用 ORM 查询的性能不如原生 SQL。因此，需要根据项目需要来选择查询方式。

4.3.2　定义模型

了解了 Eloquent 模型组件后，下面学习如何定义模型。在 Laravel 中，每张数据表都对应一个可以与该表进行交互的模型。利用模型可以实现对某张表的查询数据、添加数据、修改数据、删除数据等操作。模型文件默认保存在 app 目录下，文件命名形式为"表名（首字母大写）.php"，例如，Member.php、User.php。

使用 php artisan 命令可以自动创建一个模型，具体命令如下：

```
php artisan make:model 模型名
```

例如，为数据库中的 member 表创建一个 Member 模型，执行的命令如下：

```
php artisan make:model Member
```

执行上述命令后，会自动创建 app\Member.php 文件，该文件的代码如下：

```
1  <?php
2
3  namespace App;
4
5  use Illuminate\Database\Eloquent\Model;
6
7  class Member extends Model
8  {
9      //
10 }
```

在默认情况下，Laravel 会自动将 Member 模型名转换为表名，并使用复数形式，即 members 表。如果数据表名并没有使用复数形式，则可以在模型类中使用$table 属性来指定表名，示例代码如下：

```
1  class Member extends Model
2  {
3      protected $table = 'member';
4  }
```

需要注意的是，上述指定的表名，是不包含前缀的表名。这里所说的前缀是指在配置文件 config\database.php 中可以通过 prefix 为数据表添加前缀，在默认情况下并没有添加前缀。如果将 prefix 设为 pre_，则 member 对应的表名为 pre_member。

在模型类中还可以添加一些可选的属性，具体如下。

（1）protected $primaryKey：用于设置主键的名称，默认值为 id。由于模型的一些方法需要通过主键才能实现，如果主键名称有误，会导致程序出错。

（2）public $timestamps：是否自动维护时间戳，默认为 true。当设为 true 时，模型会自动维护表中的 created_at（创建时间）和 updated_at（更新时间）字段。

（3）protected $fillable：表示允许某些字段可以被添加或修改，格式为一维数组形式。当使用模型的 create( )方法添加数据时，需要设置$fillable。

（4）protected $guarded：表示禁止某些字段被添加或修改，与$fillable 只能二选一。

由于 public $timestamps 属性默认是开启的，故需要为 member 表添加 created_at 和 updated_at 字段，添加这两个字段的具体 SQL 如下：

```
ALTER TABLE member ADD created_at TIMESTAMP NULL DEFAULT NULL;
ALTER TABLE member ADD updated_at TIMESTAMP NULL DEFAULT NULL;
```

如果不想添加这两个字段，也可以在模型类中关闭自动维护时间戳，具体代码如下：

```
public $timestamps = false;
```

4.3.3　在控制器中使用模型

在创建了模型文件后，为了在控制器中使用模型，需要先在控制器文件中引入模型的命名空间，具体代码如下：

```
use App\Member;
```

添加上述代码后，就可以通过 Member 类来使用模型了。模型的使用方式有两种，一种是静态调用，另一种是实例化模型，具体如下：

```
// 方式1：静态调用
Member::get();
// 方式2：实例化模型
$member = new Member();
$member->get();
```

对于上述两种方式，如果只使用模型类的内置方法，则无须实例化模型，使用第 1 种方式更简单，而如果需要用到必须实例化才能使用的方法，则应使用第 2 种方式。

4.3.4　使用模型添加数据

使用模型添加数据有 3 种常用的方法，分别是 save( )方法、fill( )方法和 create( )方法，下面分别进行讲解。

1. save( )方法

save( )方法的使用方式为先实例化模型，然后为模型的属性赋值，模型的属性对应了数据表中字段。赋值完成后，调用 save( )方法保存。示例代码如下：

```
1  $member = new Member();
2  $member->name = 'save';
3  $member->age = '20';
4  $member->email = 'save@laravel.test';
5  dump($member->save());        // 保存数据
6  dump($member->id);            // 获取自动增长id
```

上述代码执行后，会看到 save( )方法的返回值为 true，并且在 member 表中可以查询到新添加的数据。

2. fill( )方法

fill( )方法用于以数组的方式为模型填充数据，数组的键名对应字段名。在使用 fill( )方法前，需要先在模型类中定义允许填充的字段，示例代码如下：

```
protected $fillable = ['name', 'age', 'email'];
```

然后就可以通过 fill( )方法填充数据了，填充后调用 save( )方法保存。示例代码如下：

```
1  $data = ['name' => 'fill', 'age' => '20', 'email' => 'fill@laravel.test'];
2  $member = new Member();
3  $member->fill($data);
4  $member->save();
```

3. create( )方法

create( )方法是模型类的静态方法，它可以在实例化模型的同时，为模型填充数据。在使用 create( )方法前，同样也需要先在模型类中定义允许填充的字段，示例代码如下：

```
protected $fillable = ['name', 'age', 'email'];
```

然后通过如下代码即可创建模型并填充数据，最后将数据保存。

```
1  $data = ['name' => 'tom', 'age' => '20'];
2  $member = Member::create($data);
3  $member->save();
```

为了便于收集表单信息，把表单数据自动添加到数据表中，可以将$request->all( )方法获取到的结果传入 create( )方法使用，示例代码如下：

```
1  public function test(Request $request)
2  {
3      $member = Member::create($request->all());
4      $member->save();
5  }
```

4.3.5 使用模型查询数据

使用模型查询数据有 3 种常用的方法，分别是 find( )方法、get( )方法和 all( )方法，下面分别进行讲解。

1. find( )方法

模型的 find( )方法用于根据主键查询记录，如果不存在返回 null，示例代码如下：

```
1  // 查询主键为 4 的记录，返回模型对象
2  $member = Member::find(4);
3  dump($member->name);        // 获取 name 字段的值
4  dump($member->toArray()); // 将模型对象转换为数组
5  // 添加查询条件，返回 name 和 age 字段
6  $member = Member::where('name', 'tom')->select('name', 'age')->find(1);
7  dump($member);
8  // 查询主键为 1、2、3 的记录，返回对象集合
9  $members = Member::find([1, 2, 3]);
10 dump($members);
```

在上述代码中，第 2 行代码用于查询主键为 4 的记录，相当于 WHERE id = 4，返回的结果是

Member 模型的实例对象，通过对象的属性可以访问字段的值，也可以调用模型方法如 save( )。如果需要将模型对象转换为数组，可以用 toArray( )方法来实现。

在 find( )方法前可以调用前面学过的 where( )、select( )等查询方法，如第 6 行代码所示。

第 9 行代码用于一次查询多条记录，返回的结果是对象集合，可以用 foreach 来遍历这个集合。

2. get( )方法

模型的 get( )方法类似于 DB 类的 get( )方法，两者的返回结果都是对象集合，但对象的类型不同，下面通过代码进行对比。

```
1  // 模型的 get ()方法
2  $members = Member::where('id', '1')->get();
3  dump(get_class($members[0])); // 输出结果: "App\Member"
4  // DB 类的 get ()方法
5  $members = DB::table('member')->where('id', 1)->get();
6  dump(get_class($members[0])); // 输出结果: "stdClass"
```

在上述代码中，第 3 行和第 6 行代码的 get_class( )方法用于获取一个对象的类名。从返回结果可以看出，模型的 get( )方法返回的是模型对象的集合，而 DB 类的 get( )方法返回的是普通对象的集合。

在模型的 get( )方法前也可以调用 where( )、select( )等查询方法。

3. all( )方法

模型的 all( )方法用于查询表中所有的记录，返回模型对象集合，示例代码如下：

```
1  // 查询所有记录，返回对象集合
2  $members = Member::all();
3  dump($members);
4  // 查询所有记录的 name 和 age 字段，返回对象集合
5  $members = Member::all(['name', 'age']);
6  dump($members);
```

需要注意的是，在 all( )方法前不能调用 where( )、select( )等查询方法。

4.3.6　使用模型修改数据

使用模型修改数据有两种方式：一种是先查询后保存，另一种是直接修改。如果需要在保存前进行一些操作，则推荐使用先查询后保存的方式。下面通过代码进行演示，示例代码如下：

```
1  // 方式 1: 先查询后保存
2  $member = Member::find(4);
3  if ($member) {
4      $member->name = 'test';
5      $member->email = 'test@laravel.test';
6      $member->save();
7  } else {
8      dump('修改失败：记录不存在');
9  }
10 // 方式 2: 直接修改
11 Member::where('id', 4)->update(['name' => 'test', 'age' => 30]);
```

在上述代码中，第 2 行代码用于查询 id 为 4 的记录，查询后判断该记录是否存在，如果存在，则执行第 4~6 行代码，完成修改操作，如果不存在，则执行第 8 行代码输出错误信息；第 11 行代码用于直接修改 id 为 4 的记录的 name 和 age 的值。

4.3.7　使用模型删除数据

使用模型删除数据也有两种方式：一种是先查询后删除，另一种是直接删除。如果需要在删除前进行一些操作，则推荐使用先查询后删除的方式。下面通过代码进行演示，示例代码如下：

```
1  // 方式 1：先查询后删除
2  $member = Member::find(4);
3  if ($member) {
4      $member->delete();
5  } else {
6      dump('删除失败：记录不存在');
7  }
8  // 方式 2：直接删除
9  $data = Member::where('id', 4)->delete();
10 dump($data);
```

在上述代码中，第 2 行代码用于查询 id 为 4 的记录，查询后判断该记录是否存在，如果存在，则执行第 4 行代码，完成删除操作，如果不存在，则执行第 6 行代码输出错误信息；第 9 行代码用于直接删除 id 为 4 的记录。

4.4　关联模型的使用

在 Laravel 框架中实现多表查询，除了使用连接查询的方式外，还可以通过关联模型来实现。关联模型就是为两个模型建立关联，在建立关联后，模型会自动到关联表中获取数据，无须开发人员关心 SQL 的问题，使代码更接近面向对象思维。模型的关联方式有一对一、一对多、多对一和多对多，本节将对模型的关联方式分别进行讲解。

4.4.1　一对一

当一篇文章只有一个作者时，文章和作者就是一对一的关系。由于一个作者可以发表多篇文章，所以也可以认为文章和作者是多对一关系，关于多对一关系会在后面进行讲解，本小节主要讲解一对一的关联模型操作。

为了方便讲解，在 4.2.7 节已经将文章表和作者表创建出来，并通过如下命令创建对应的模型。

```
php artisan make:model Article
php artisan make:model Author
```

然后在 Article 模型中为 Author 模型建立关联，需要将代码写在模型的方法中，方法名称可以随意命名，具体代码如下：

```
1  class Article extends Model
2  {
3      protected $table = 'article';
4      public $timestamps = false;
5      public function author()
6      {
7          return $this->hasOne('App\Author', 'id', 'author_id');
8      }
9  }
```

在上述代码中，第 7 行代码的 hasOne() 方法表示"拥有一个"，即一篇文章拥有一个作者，该方法的第 1 个参数表示被关联模型的命名空间，第 2 个参数表示被关联模型中的关系字段，第 3 个参数表示本模型中的关系字段。

在 Author 模型中配置表名，具体代码如下：

```
1  class Author extends Model
2  {
3      protected $table = 'author';
4      public $timestamps = false;
5  }
```

下面在 TestController 的 test() 方法中查询数据，具体代码如下：

```
1  public function test()
2  {
3      $data = \App\Article::all();
4      foreach ($data as $key => $value) {
5          echo '文章id: ' . $value->id . '<br>';
6          echo '文章名称: ' . $value->article_name . '<br>';
7          echo '作者名称: ' . $value->author->author_name;
8      }
9  }
```

上述代码用于查询文章列表，并把作者的名称显示出来。读者在运行程序前，要记得在路由文件中添加路由（以后类似的情况不再赘述）。第 7 行代码在获取作者名称时，会先访问 author 属性，这个属性是一个动态属性，它会自动利用模型里的同名方法（author() 方法）到关联表中获取数据。

通过浏览器访问，"一对一"查询结果如图 4-3 所示。

图 4-3　"一对一"查询结果

4.4.2　一对多

一位作者可以发表多篇文章，作者和文章就是一对多的关系。在模型中，建立一对多关系使用 hasMany( )方法，该方法表示"拥有多个"。

下面在 Author 模型中编写一个 article( )方法，调用 hasMany( )方法完成一对多关联，具体代码如下：

```
1  public function article()
2  {
3      return $this->hasMany('App\Article', 'author_id', 'id');
4  }
```

在上述代码中，hasMany( )方法的第 1 个参数表示被关联模型的命名空间，第 2 个参数表示被关联模型中的关系字段，第 3 个参数表示本模型中的关系字段。

然后在 TestController 的 test( )方法中测试程序，具体代码如下：

```
1  public function test()
2  {
3      $data = \App\Author::all();
4      foreach ($data as $key => $value) {
5          echo '作者名称: ' . $value->author_name . '<br>';
6          foreach ($value->article as $k => $v) {
7              echo $v->article_name . '<br>';
8          }
9      }
10 }
```

在上述代码中，第 6 行代码用于查询作者的所有文章；第 7 行代码用于输出文章的标题。

为了测试"一对多"的查询结果，在文章表中多插入一条文章记录。

```
INSERT INTO `article` VALUES (2, '初识路由', 1);
```

通过浏览器访问，"一对多"查询结果如图 4-4 所示。

图 4-4　"一对多"查询结果

4.4.3　多对一

将一对多的关系反过来，就是多对一的关系。在模型中，使用 belongsTo( )方法可以建立多对一的关系，该方法的含义是"属于"。例如，多篇文章属于同一个作者发表。

下面修改 Article 模型的 author( )方法，使用 belongsTo( )方法完成多对一关联。

```
1  public function author()
2  {
3      return $this->belongsTo('App\Author', 'author_id', 'id');
4  }
```

在上述代码中，belongsTo()方法的第 1 个参数表示被关联模型的命名空间，第 2 个参数表示本模型中的关系字段，第 3 个参数表示被关联模型中的关系字段。

建立多对一关联后，查询数据的代码与一对一关联关系的代码相同，具体代码如下：

```
1  public function test()
2  {
3      $data = \App\Article::all();
4      foreach ($data as $key => $value) {
5          echo '文章id: ' . $value->id . '<br>';
6          echo '文章名称: ' . $value->article_name . '<br>';
7          echo '作者名称: ' . $value->author->author_name;
8      }
9  }
```

4.4.4　多对多

一篇文章有多个关键词，一个关键词可以被多个文章使用，那么文章和关键词就是多对多的关系。多对多其实可以拆分成两个一对多关系，两个一对多关系无法用两张表来完成，需要依靠第 3 张表（中间表）来建立关联。

下面通过 SQL 创建关键词表和中间表，具体 SQL 如下：

```
# 创建关键词表
CREATE TABLE `keyword` (
 `id` INT UNSIGNED PRIMARY KEY AUTO_INCREMENT,
 `keyword` VARCHAR(255) NOT NULL COMMENT '关键词'
) DEFAULT CHARSET=utf8mb4;
# 创建中间表，保存文章和关键词的关联
CREATE TABLE `article_keyword` (
 `id` INT UNSIGNED PRIMARY KEY AUTO_INCREMENT,
 `article_id` INT UNSIGNED NOT NULL COMMENT '文章id',
 `keyword_id` INT UNSIGNED NOT NULL COMMENT '关键词id'
) DEFAULT CHARSET=utf8mb4;
```

在创建数据表后，向表中插入测试数据，具体 SQL 如下：

```
INSERT INTO `keyword` VALUES
(1, 'PHP'), (2, 'Java');
INSERT INTO `article_keyword` VALUES
(1, 1, 1), (2, 1, 2), (3, 2, 1), (4, 2, 2);
```

在上述 SQL 中，一共有两个关键词，分别是"PHP"和"Java"。文章表中 id 为 1 和 2 的文章都拥有这两个关键词。

然后执行如下命令创建关键词表的模型。

```
php artisan make:model Keyword
```

在 Keyword 模型中配置表名并关闭时间戳，具体代码如下：

```
1  class Keyword extends Model
2  {
3      protected $table = 'keyword';
4      public $timstamps = false;
5  }
```

下面开始实现多对多关联。多对多关联使用 belongsToMany( )方法来实现，如果使用文章模型查询关键词，就在文章模型中调用该方法；反之，如果使用关键词模型查询文章，就在关键词模型中调用该方法。下面分别进行演示。

1. 使用文章模型查询关键词

在文章模型中编写 keyword( )方法，具体代码如下：

```
1  public function keyword()
2  {
3      return $this->belongsToMany('App\Keyword', 'article_keyword',
4      'article_id', 'keyword_id');
5  }
```

在上述代码中，belongsToMany( )方法的第 1 个参数表示被关联模型的命名空间，第 2 个参数表示中间表的表名，第 3 个参数表示中间表中当前模型的关系字段，第 4 个参数表示中间表中被关联模型的关系字段。

然后在 TestController 的 test( )方法中测试程序，具体代码如下：

```
1  public function test()
2  {
3      $data = \App\Article::all();
4      foreach ($data as $key => $value) {
5          echo '文章名称: ' . $value->article_name . '<br>';
6          echo '关键词: ';
7          foreach ($value->keyword as $k => $v) {
8              echo $v->keyword . ' ';
9          }
10         echo '<hr>';
11     }
12 }
```

在上述代码中，第 7 行代码中的$value->keyword 表示查询当前文章所有关键词；第 8 行代码中的$v->keyword 表示获取 keyword 字段的值。

通过浏览器访问，使用文章模型查询关键词的结果如图 4-5 所示。

图 4-5　使用文章模型查询关键词的结果

2. 使用关键词模型查询文章

在关键词模型中编写 article()方法，具体代码如下：

```
1  public function article()
2  {
3      return $this->belongsToMany('App\Article', 'article_keyword',
4      'keyword_id', 'article_id');
5  }
```

然后在控制器的 test()方法中测试程序，具体代码如下：

```
1  public function test()
2  {
3      $data = \App\Keyword::all();
4      foreach ($data as $key => $value) {
5          echo '关键词：' . $value->keyword . '<br>';
6          echo '相关文章：';
7          foreach ($value->article as $k => $v) {
8              echo $v->article_name . ' ';
9          }
10         echo '<hr>';
11     }
12 }
```

通过浏览器访问，使用关键词模型查询文章的结果如图 4-6 所示。

图 4-6 使用关键词模型查询文章的结果

4.5 数据表的迁移和填充

在进行团队开发时，开发人员不仅要对项目中的代码进行版本控制，而且要对数据表进行版本控制。例如，一个开发人员在提交了新版本的代码后，由于新版本中修改了数据表，其他开发人员在拿到代码后，也需要修改本地环境的数据表，才能使项目正常运行。为了方便管理项目的数据表，Laravel 提供了数据表迁移和填充工具，可以通过命令对数据表进行升级、回滚或填充数据，非常方便。本节将对数据表迁移和填充的实现进行详细讲解。

4.5.1 数据表迁移

数据表迁移共分为两步，第 1 步是创建迁移文件，第 2 步是执行迁移文件。迁移文件的保存位置为 database\migrations，在该目录下已经有两个迁移文件，具体如下：

```
2014_10_12_000000_create_users_table.php
2014_10_12_100000_create_password_resets_table.php
```

以上两个文件是 Laravel 自带的用户认证（Auth）模块使用的数据表迁移文件，分别对应 users 数据表和 password_resets 数据表，其命名方式为"时间版本_create_表名_table.php"。

打开 2014_10_12_000000_create_users_table.php 文件，查看代码示例，具体如下：

```php
1  <?php
2
3  use Illuminate\Support\Facades\Schema;
4  use Illuminate\Database\Schema\Blueprint;
5  use Illuminate\Database\Migrations\Migration;
6
7  class CreateUsersTable extends Migration
8  {
9      /**
10      * Run the migrations.
11      *
12      * @return void
13      */
14     public function up()
15     {
16         Schema::create('users', function (Blueprint $table) {
17             $table->increments('id');
18             $table->string('name');
19             $table->string('email')->unique();
20             $table->string('password');
21             $table->rememberToken();
22             $table->timestamps();
23         });
24     }
25
26     /**
27      * Reverse the migrations.
28      *
29      * @return void
30      */
31     public function down()
32     {
33         Schema::dropIfExists('users');
34     }
35 }
```

在上述代码中，up()方法表示创建数据表的方法，down()方法表示删除数据表的方法。在 up() 方法中，第 16 行代码的 create()方法中，第一个参数 users 表示要创建的表名，$table 表示表的实例对象；第 17~22 行代码用于定义表中的字段。其中，第 17 行的 increments()表示自动增长字段（主键），其参数 id 表示字段名；第 18 行的 string()表示字符串字段，对应 MySQL 中的 VARCHAR

数据类型，可通过第 2 个参数设置长度，默认为 255；第 19 行的 unique( )表示唯一约束；第 21 行的 rememberToken( )是一个内置的字段规则，相当于如下代码：

```
// 创建 remember_token 字段，数据类型为 VARCHAR(100)，允许 null 值
$table->string('remember_token', 100)->nullable();
```

如果不调用 nullable( )，默认是 not null（不允许 null 值）。

第 22 行的 timestamps( )表示自动创建时间戳字段，相当于执行了如下两行代码：

```
$table->timestamp('created_at')->nullable();
$table->timestamp('updated_at')->nullable();
```

第 33 行的 dropIfExists('users')表示如果 users 数据表存在就删除。

另外，Laravel 的数据库迁移还有很多其他方法，可以参考官方手册，本书只介绍其常用的方法。

在熟悉了迁移文件如何编写后，下面讲解如何创建和执行迁移文件。

1. 创建迁移文件

使用如下命令可以自动创建一个迁移文件。

```
php artisan make:migration 迁移文件名
```

在上述命令中，"迁移文件名"的命名方式为 "create_表名_table"。

例如，创建一张 paper（试卷）表，具体命令如下：

```
php artisan make:migration create_paper_table
```

上述命令执行后，在 database\migrations 目录下就能找到对应的迁移文件。将文件打开，具体代码如下：

```php
1  <?php
2
3  use Illuminate\Support\Facades\Schema;
4  use Illuminate\Database\Schema\Blueprint;
5  use Illuminate\Database\Migrations\Migration;
6
7  class CreatePaperTable extends Migration
8  {
9      /**
10      * Run the migrations.
11      *
12      * @return void
13      */
14     public function up()
15     {
16         Schema::create('paper', function (Blueprint $table) {
17             $table->increments('id');
18             $table->timestamps();
19         });
20     }
21
22     /**
23      * Reverse the migrations.
```

```
24       *
25       * @return void
26       */
27      public function down()
28      {
29          Schema::dropIfExists('paper');
30      }
31  }
```

下面在 up( )方法中编写 paper 表中的字段，具体字段要求如下。

（1）id：表的主键，自动增长。

（2）paper_name：试卷名称，VARCHAR(100)类型，不允许重复值。

（3）total_score：试卷总分，TINYINT 类型，默认为 0。

（4）start_time：考试开始时间，INT 类型（保存时间戳）。

（5）duration：考试时长，单位为分钟，TINYINT 类型。

（6）status：试卷是否启用，TINYINT 类型，1 表示启用，2 表示禁用，默认为 1。

（7）created_at：创建时间，TIMESTAMP 类型，默认为 null。

（8）updated_at：更新时间，TIMESTAMP 类型，默认为 null。

以上字段对应的创建数据表的迁移代码具体如下：

```
1  Schema::create('paper', function (Blueprint $table) {
2      $table->increments('id')->comment('主键');
3      $table->string('paper_name', 100)->comment('试卷名称')->unique();
4      $table->tinyInteger('total_score')->default(0)->comment('试卷总分');
5      $table->integer('start_time')->comment('考试开始时间');
6      $table->tinyInteger('duration')->comment('考试时长');
7      $table->tinyInteger('status')->default(1)->comment('状态');
8      $table->timestamps();
9  });
```

通过上述代码可以看出，利用迁移的方式创建数据表，其基本思想与利用 SQL 创建数据表类似。其区别在于，迁移操作是将原来的 SQL 的形式转换成了面向对象的形式。

2. 执行迁移文件

当在项目中第一次执行迁移文件的时候，需要先执行如下命令安装迁移。

```
php artisan migrate:install
```

上述命令执行后，在项目的数据库中会出现 migrations 表，这个表用于保存迁移记录，即用于记录已经执行过迁移的文件。

在 migrations 表中，一共有 3 个字段，具体解释如下。

（1）id：表的主键，用于唯一标识每条记录。

（2）migration：用于记录执行过的迁移文件。

（3）batch：用于记录批次，每次执行迁移命令，批次就会加 1。如果在一次迁移命令中迁移了两张表，那么这两张表就属于同一个批次。

在安装了迁移后，就可以通过如下命令来执行迁移。

```
php artisan migrate
```

上述命令会执行迁移文件中的 up( )方法，来完成 paper 数据表的创建。

需要注意的是，如果多次执行迁移命令，系统会将迁移文件夹里面的文件与数据表里的迁移记录进行匹配，已经执行过迁移的文件不会重复执行。另外，如果迁移文件已经创建好并执行了，就不要修改迁移文件的名称了，否则程序会出错。

迁移文件中的 down( )方法对应的命令是回滚命令，具体代码如下：

```
php artisan migrate:rollback
```

执行回滚命令后，程序会将上一个批次建立的数据表和执行的记录都删除。回滚命令不会删除迁移文件，便于以后继续迁移（创建数据表）。

4.5.2　数据表填充

数据表填充就是向数据表中添加测试数据，这是一个在开发中非常实用的功能。具体操作分为两步，第 1 步是创建填充文件，第 2 步是执行填充文件，下面分别进行讲解。

1. 创建填充文件

填充文件又称为填充器、种子文件。其创建命令如下：

```
php artisan make:seeder 填充器名称
```

在上述命令中，"填充器名称"的命名方式为"首字母大写的表名 TableSeeder"。

例如，为 paper 表创建填充文件，具体命令如下：

```
php artisan make:seeder PaperTableSeeder
```

执行上述命令后，就会在 database\seeds 目录下创建 PaperTableSeeder.php 文件。

打开 PaperTableSeeder.php 文件，具体代码如下：

```
1  <?php
2
3  use Illuminate\Database\Seeder;
4
5  class PaperTableSeeder extends Seeder
6  {
7      /**
8       * Run the database seeds.
9       *
10      * @return void
11      */
12     public function run()
13     {
14         //
15     }
16 }
```

在上述代码中，run( )方法用于编写填充代码。在该方法中可以通过 DB 类来进行数据库的插入操作，示例代码如下：

```
1  public function run()
2  {
3      DB::table('paper')->insert([
4          [
5              'paper_name' => 'PHP 期末复习题',
6              'total_score' => 100,
7              'start_time' => time() + 86400,
8              'duration' => 120,
9              'status' => 1
10         ],
11         ……（添加更多数据）
12     ]);
13 }
```

在上述代码中，如果需要填充更多数据，请参考本书的源代码。

2. 执行填充文件

执行填充文件 PaperTableSeeder.php 的命令如下：

```
php artisan db:seed --class=PaperTableSeeder
```

在上述命令中，"--class=" 后面用于指定填充器名称。填充操作与迁移操作的区别在于，迁移操作有一个 migrations 表用于记录执行过的迁移，而填充操作没有任何记录，也不能回滚，只能手动删除表中的数据。

本章小结

本章讲解了如何在 Laravel 框架中操作数据库，主要包括 DB 类操作数据库、模型操作数据库、关联模型，以及数据表的迁移和填充。通过学习本章的内容，希望读者能够掌握如何在 Laravel 框架中对数据库进行操作，这在以后的项目开发中会频繁使用。

课后练习

一、填空题

1. 一对一的模型关联使用_____方法声明。

2. 一对多的模型关联使用_____方法声明。

3. 多对多的模型关联使用_____方法声明。

4. 通过在 DB 类中调用_____方法清空数据表。

5. 数据库的配置文件是_____。

二、判断题

1. 多对多可以拆分成两个一对多关系，两个一对多关系无法用两张表来完成，需要依靠中间表来建立关系。（　　　）

2. 在控制器中无须其他额外操作，可以直接使用模型。（　　　）

3. 在 Laravel 中可以直接通过 DB 类来操作数据库。（　　　）

4. 一对多和多对一是同一个概念，在框架中的实现方式一样。（　　　）

5. 使用 DB 类的 leftjoin( )方法可以获取两个关联表的数据。（　　　）

三、选择题

1. 以下模型的关联方法中错误的是（　　　）。

A. hasOne( )　　　　　　B. belongsMany( )　　　　C. hasMany( )　　　　D. belongsTo( )

2. 以下关于关联模型的说法错误的是（　　　）。

A. 关联模型可以减少查询次数，极大减轻数据库的压力

B. 当两个数据表有关联时，需要在模型中指定对应关系

C. 关联模型是为了解决多表联合查询的问题

D. 关联模型根据表的对应关系设置不同的关联方法

3. 以下描述模型对应关系中错误的是（　　　）。

A. 多对多　　　　　　　B. 一对多　　　　　　　C. 一对一　　　　　　D. 一对二

4. 以下命令中，用于定义模型的是（　　　）。

A. php artisan make:app User　　　　　　　B. php artisan make:model User

C. php artisan make:controller User　　　　　D. php artisan model User

5. 以下选项中，（　　　）不是模型中查询数据的方法。

A. get( )　　　　　　　B. find( )　　　　　　　C. one( )　　　　　　D. all( )

四、简答题

1. 请列举关联模型中所有的关联方法。

2. 请列举模型中查询数据的方法。

第 5 章

Laravel框架的常用功能

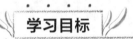

学习目标

★ 掌握文件上传、数据分页、验证码和响应控制的实现方法，能够在开发中熟练运用。

★ 掌握缓存的配置和使用方法，能够恰当利用缓存提高系统性能。

★ 掌握辅助函数的使用，能够灵活运用辅助函数进行数据处理。

在 Laravel 框架中有一些比较常用的功能，包括文件上传、数据分页、验证码、响应控制、缓存操作和辅助函数等。使用缓存技术可以降低系统的负载，提高网站性能，使用辅助函数可以对不同类型的数据进行处理。本章将会对这些常用功能进行详细讲解。

5.1 文件上传

在网站开发中，通常需要完成上传文件的功能，例如，上传用户头像、上传凭证等。Laravel 框架已经封装好了文件上传相关代码，实现文件上传非常简单，只需调用相关方法即可。下面通过上传头像的案例演示文件上传功能的开发过程。

（1）在路由文件 routes\web.php 中添加如下两个路由：

```
1  Route::get('test/avatar', 'TestController@avatar');
2  Route::post('test/up', 'TestController@up');
```

（2）在 TestController 中编写 avatar()方法，具体代码如下：

```
1  public function avatar()
2  {
3      return view('avatar');
4  }
```

（3）创建 resources\views\avatar.blade.php 文件，具体代码如下：

```
1  <form action="/test/up" method="post" enctype="multipart/form-data">
2    上传头像: <input type="file" name="avatar"><br>{{ csrf_field() }}
3    <input type="submit" value="提交">
4  </form>
```

在上述代码中，<form>标签的 enctype 属性需要设为 multipart/form-data，否则无法进行文件上传。第 2 行在表单中放了一个文件输入框，用于选择要上传的文件。

（4）通过浏览器访问，头像上传表单如图 5-1 所示。

图 5-1　头像上传表单

（5）在 TestController 中编写 up()方法，具体代码如下：

```
1  public function up(Request $request)
2  {
3      // 判断文件在请求中是否存在
4      if ($request->hasFile('avatar')) {
5          // 获取上传文件对象
6          $avatar = $request->file('avatar');
7          // 验证文件是否上传成功
8          if ($avatar->isValid()) {
9              // 自动生成文件名
10             $name = md5(microtime(true)) . '.' . $avatar->extension();
11             // 将上传的文件移动到指定目录
12             $avatar->move('static/upload', $name);
13             // 显示上传结果
14             $path = '/static/upload/' . $name;
15             return '<a href="' . $path . '">查看文件</a>';
16         }
17         return $avatar->getErrorMessage();
18     }
19     return '文件上传失败';
20 }
```

在上述代码中，第 4 行代码用于判断是否有上传文件，如果有，使用第 6 行代码获取上传文件对象$avatar。通过该对象的 isValid()方法可以判断文件是否上传成功；通过该对象的 extension()方法可以获取文件的扩展名；通过该对象的 move()方法可以将文件移动到指定目录。

（6）通过浏览器访问，文件上传成功后会显示"查看文件"链接，单击该链接即可查看上传的文件。

5.2　数据分页

为了便于在项目中开发数据分页功能，Laravel 在模型中提供了分页查询的方法。其使用非常简单，只需传入每页显示的记录数即可，示例代码如下：

```
$data = Member::paginate(2);
```

在上述代码中，Member 表示模型；paginate( )是分页查询方法，该方法的参数"2"表示每页显示 2 条数据。根据需要，在 paginate( )方法的前面还可以调用 where( )、orderBy( )等辅助查询的方法，示例代码如下：

```
$data = Member::where('id', '>', 1)->paginate(2);
```

分页查询完成后，在视图中可以使用如下语法来输出分页链接。

```
{{ $data->links() }}
```

为了使读者更好地掌握数据分页功能的使用，下面通过具体操作进行演示。

（1）为了便于数据分页效果的展示，向 member 表中插入几条测试数据，具体如下：

```
1  INSERT INTO `member` (id,name,age,email) VALUES
2  (5, 'sun', 22, 'sun@laravel.test'),(6, 'tom', 23, 'tom@laravel.test'),
3  (7, 'jim', 24, 'jim@laravel.test'),(8, 'tim', 25, 'tim@laravel.test');
```

（2）在路由文件 routes\web.php 中添加如下路由：

```
Route::get('test/user', 'TestController@user');
```

（3）在 TestController 中编写 user( )方法，具体代码如下：

```
1  public function user()
2  {
3      $data = Member::paginate(2);
4      return view('user', compact('data'));
5  }
```

（4）创建 resources\views\user.blade.php 文件，具体代码如下：

```
1  <table border="1">
2    <thead>
3     <tr>
4      <th>id</th><th>用户名</th><th>年龄</th><th>邮箱</th>
5     </tr>
6    </thead>
7    <tbody>
8     @foreach ($data as $val)
9      <tr>
10      <td>{{ $val->id }}</td>
11      <td>{{ $val->name }}</td>
12      <td>{{ $val->age }}</td>
13      <td>{{ $val->email }}</td>
14     </tr>
15     @endforeach
16    </tbody>
17  </table>
```

```
18 <!-- 输出分页链接 -->
19 {{ $data->links() }}
```

（5）通过浏览器访问，分页效果如图 5-2 所示。

在图 5-2 中，分页链接已经显示出来，但效果不太好。为了美化分页效果，可以在页面中引入 Bootstrap。

（6）修改 resources\views\user.blade.php 文件，引入 Bootstrap。

```
1  <!DOCTYPE html>
2  <html>
3  <head>
4    <link rel="stylesheet" href="/static/twitter-bootstrap/3.4.1/css/bootstrap.min.
css">
5    <script src="/js/jquery.min.js"></script>
6    <script src="/static/twitter-bootstrap/3.4.1/js/bootstrap.min.js">
7    </script>
8  </head>
9  <body>
10   ……原有代码
11 </body>
12 </html>
```

需要注意的是，读者需要将 Bootstrap 文件放入 public\static 目录中，相关文件可以通过本书配套源代码来获取。

（7）通过浏览器访问，Bootstrap 分页样式如图 5-3 所示。

图 5-2　分页效果

图 5-3　Bootstrap 分页样式

5.3　验证码

验证码是项目开发中的一个常见功能。Laravel 并没有内置验证码库，不过可以在 Packagist 网站中查找开源的验证码库来使用。下面以 mews/captcha 为例进行演示。

（1）使用 Composer 载入 mews/captcha 验证码库。

```
composer require mews/captcha=3.0
```

　　（2）Laravel 采用了服务容器的开发模式。服务容器是用于管理类的依赖和执行依赖注入的工具，而验证码就相当于一个服务，这个服务需要在 config\app.php 中注册后才能被加载使用。在验证码库中有一个 CaptchaServiceProvider（服务提供者）类，文件位于 vendor\mews\captcha\src\CaptchaServiceProvider.php，需要在 config\app.php 文件中将这个服务提供者注册到 Laravel 中，具体代码如下：

```
1  'providers' => [
2      ……（原有代码）
3      /*
4       * Package Service Providers
5       */
6      Mews\Captcha\CaptchaServiceProvider::class,
7      ……（原有代码）
8  ]
```

　　然后在 config\app.php 文件中注册别名，以方便使用，具体代码如下：

```
1  'aliases' => [
2      ……（原有代码）
3      'Captcha' => Mews\Captcha\Facades\Captcha::class,
4  ]
```

　　（3）在路由文件 routes\web.php 中添加如下两个路由：

```
Route::get('test/captcha', 'TestController@captcha');
Route::post('test/checkCaptcha', 'TestController@checkCaptcha');
```

　　（4）在 TestController 中编写 captcha()方法，具体代码如下：

```
1  public function captcha()
2  {
3      return view('captcha');
4  }
```

　　（5）创建 resources\views\captcha.blade.php 文件，具体代码如下：

```
1  <body>
2    <form action="/test/checkCaptcha" method="post">
3      <input type="text" name="captcha" placeholder="验证码"><br>
4      <img src="{{ captcha_src() }}"><br>
5      {{ csrf_field() }}
6      <input type="submit" value="提交">
7    </form>
8    @if (count($errors) > 0)
9      <div class="alert alert-danger">
10       <ul>
11         @foreach ($errors->all() as $error)
12           <li>{{ $error }}</li>
13         @endforeach
14       </ul>
15     </div>
16   @endif
17 </body>
```

　　在上述代码中，第 4 行代码的"{{ captcha_src() }}"用于获取验证码的图片地址。

（6）通过浏览器访问，验证码效果如图 5-4 所示。

图 5-4　验证码效果

从图 5-4 中可以看出，验证码的图片已经生成并显示出来了。在默认情况下，验证码的码值位数为 9 位，不太容易被识别，可以通过配置文件来更改验证码的码值位数。

（7）验证码的配置文件默认并没有被创建出来，需要通过如下命令来创建。

```
php artisan vendor:publish
```

上述命令执行后，会出现如下提示：

```
Which provider or tag's files would you like to publish?:
  [0 ] Publish files from all providers and tags listed below
  [1 ] Provider: BeyondCode\DumpServer\DumpServerServiceProvider
  [2 ] Provider: Fideloper\Proxy\TrustedProxyServiceProvider
  [3 ] Provider: Illuminate\Foundation\Providers\FoundationServiceProvider
  [4 ] Provider: Illuminate\Mail\MailServiceProvider
  [5 ] Provider: Illuminate\Notifications\NotificationServiceProvider
  [6 ] Provider: Illuminate\Pagination\PaginationServiceProvider
  [7 ] Provider: Intervention\Image\ImageServiceProviderLaravelRecent
  [8 ] Provider: Laravel\Tinker\TinkerServiceProvider
  [9 ] Provider: Mews\Captcha\CaptchaServiceProvider
  [10] Tag: config
  [11] Tag: laravel-errors
  [12] Tag: laravel-mail
  [13] Tag: laravel-notifications
  [14] Tag: laravel-pagination
 >
```

在上述提示中，序号为 9 的就是验证码的服务提供者，输入 "9" 并按 "Enter" 键即可。然后就会自动生成 config\captcha.php 文件。

（8）编辑 config\captcha.php 文件，对验证码的效果进行配置，具体代码如下：

```
1  'default' => [
2     'length' => 9,        // 字符个数
3     'width' => 120,       // 图片宽度
4     'height' => 36,       // 图片高度
5     'quality' => 90,      // 图片质量
6     'math' => false,      // 数学计算
7  ],
```

例如，将字符的个数改为 4，生成后的验证码如图 5-5 所示。

图 5-5　生成后的 4 位验证码

（9）在 TestController 中编写 checkCaptcha( )方法，判断验证码的值是否正确，具体代码如下：

```
1  public function checkCaptcha(Request $request)
2  {
3      $this->validate($request, [
4          'captcha' => 'required|captcha'
5      ], [
6          'captcha.captcha' => '验证码有误'
7      ]);
8      return '验证成功';
9  }
```

在上述代码中，第 4 行代码的 captcha 验证规则是安装了验证码库以后才有的规则，它可以自动判断用户提交的验证码是否正确；第 6 行代码用于配置验证码有误时的提示文本。

（10）通过浏览器访问，观察验证码是否可以进行验证。

5.4　响应控制

通过前面的学习可知，在控制器中可以使用 return 返回一个响应结果，一般是返回字符串或视图，示例代码如下：

```
return 'hello';                // 返回字符串
return view('welcome');        // 返回视图
```

在 Laravel 中，除了返回以上两种响应结果外，还可以进行页面跳转，下面对页面跳转进行讲解。

（1）当需要从一个页面跳转到另一个页面的时候，可以调用 redirect( )函数，该函数的参数表示路由地址，示例代码如下：

```
1  public function jump()
2  {
3      return redirect('test/home');
4  }
```

上述代码执行后，就会以重定向的方式跳转到 "test/home" 路由地址中。

（2）在重定向的时候，可以指定一个命名路由，示例代码如下：

```
return redirect()->route('home');
```

在上述代码中，route( )方法的参数 home 表示路由的名称。

（3）在重定向的时候，调用 withErrors( )方法可以传递一些错误信息。该方法的参数是一个数组，用于传入多条信息，示例代码如下：

```
return redirect('test/edit')->withErrors(['错误提示']);
```

传递了错误信息后，在视图中可以用$errors 来获取，示例代码如下：

```
1  @if (count($errors) > 0)
2    <div class="alert alert-danger">
3      <ul>
4        @foreach ($errors->all() as $error)
5          <li>{{ $error }}</li>
6        @endforeach
7      </ul>
8    </div>
9  @endif
```

5.5　缓存操作

在实际开发中，缓存是一种以空间换取时间的优化机制。它是把一些经常需要使用的数据或运算结果保存下来，当下次使用时，不需要再去数据库中查询数据或者进行重复计算，可以直接从缓存中读取，缩短了程序的运行时间。本节将对 Laravel 中缓存的使用进行详细讲解。

5.5.1　缓存配置

缓存的配置文件位于 config\cache.php，在该文件中可以配置缓存系统。默认情况下，Laravel 将缓存数据保存在文件中，除了文件外，还支持 Memcached、Redis 等主流的缓存系统。

默认的缓存系统使用如下代码进行配置。

```
'default' => env('CACHE_DRIVER', 'file'),
```

从上述代码可以看出，程序会优先读取.env 文件中配置的 CACHE_DRIVER（缓存驱动），如果没有配置，则使用 file 作为默认值。

然后在配置文件中找到文件缓存的配置，具体代码如下：

```
1  'file' => [
2    'driver' => 'file',
3    'path' => storage_path('framework/cache/data')
4  ],
```

在上述代码中，driver 表示缓存驱动，不同的缓存系统需要通过驱动类来让 Laravel 进行存取，在 Laravel 中已经内置了 file 驱动，path 用于配置缓存文件的保存路径。

5.5.2　添加缓存

在控制器中通过 Cache 类可以对缓存进行操作。在使用 Cache 类前，需要先导入命名空间，具体代码如下：

```
use Cache;
```

使用 Cache 类添加缓存有 3 种常用的方法，具体使用说明如下：

```
// 添加缓存，如果该值已经存在，则直接覆盖原来的值
Cache::put('key', 'value', $seconds);
// 添加缓存，如果 key 已经存在，则不进行添加
Cache::add('key', 'value', $seconds);
// 持久化存储数据到缓存
Cache::forever('key', 'value');
```

在上述方法中，key 表示缓存的键名；value 表示对应的值；$seconds 表示缓存的有效期，单位是秒，默认为永久有效，直到手动删除缓存为止。

下面对这 3 种方法的区别进行简要说明。

（1）使用 put( )方法添加缓存时，如果 key 的值已经存在，则直接覆盖原来的值。当数据被成功添加到缓存时，返回结果为 true，否则返回 false。

（2）add( )方法只会在缓存项（key）不存在的情况下添加数据到缓存，如果数据被成功添加就会返回 ture，否则返回 false。

（3）forever( )方法用于持久化存储数据到缓存（它的有效期非常长，基本上可以认为是永久缓存）。使用 forever( )保存的值可以通过 forget( )方法手动从缓存中移除。

下面演示添加缓存的方法，以在 TestController 中添加 cache( )方法为例，具体代码如下：

```
1  public function cache()
2  {
3      Cache::put('name', '张三');         // 返回结果为：张三
4      Cache::put('name', 'zhangsan');     // 覆盖原有的值，返回结果为：zhangsan
5      Cache::add('age', '20');            // 返回结果为：20
6      Cache::add('age', '22');            // age 已经存在，不添加 age 值为 22 的数据
7  }
```

上述代码中，读者可自行添加 dump( )函数输出返回结果。然后在路由文件 routes\web.php 中添加如下路由：

```
Route::get('test/cache', 'TestController@cache');
```

通过浏览器访问，查看是否可以正确添加缓存数据。

5.5.3　读取缓存

Cache 类中常用的读取缓存的方法有 3 个，分别是 get( )、has( )和 remember( )，下面分别进行讲解。

1. Cache::get( )

Cache::get( )方法用于从缓存中获取缓存项。如果缓存项不存在，则该方法默认返回 null，也可以通过第 2 个参数设置成其他值。示例代码如下：

```
// 读取缓存项 key 的值，如果不存在返回 null
$value = Cache::get('key');
// 读取缓存项 key 的值，如果不存在返回 default
$value = Cache::get('key', 'default');
```

Cache::get( )方法还可以传入匿名函数，使用 return 语句返回默认值，示例代码如下：

```
$value = Cache::get('key', function () {
  return 'default';
});
```

2. Cache::has()

Cache::has( )方法用于检查缓存项是否存在，返回 true 或 false，示例代码如下：

```
if (Cache::has('key')) {
  // 缓存项 key 存在
}
```

3. Cache::remember( )

在开发中，有时需要在读取的缓存项不存在时，通过其他方式将数据读出来，然后保存到缓存中并返回，像这样的需求可以通过 Cache::remember( )方法来实现。该方法的示例代码如下：

```
$value = Cache::remember('key', $seconds, function () {
  return DB::table('member')->get();
});
```

在上述代码中，remember( )方法的第 1 个参数表示缓存项的键名；第 2 个参数表示缓存的有效时间；第 3 个参数用于通过匿名函数获取数据，将获取的结果缓存。该方法的返回值是读取缓存的结果。

下面演示读取缓存的使用方法，在 cache( )方法中添加如下代码。

```
1  public function cache()
2  {
3      dump(Cache::get('name'));          // 输出结果为: zhangsan
4      dump(Cache::get('age'));           // 输出结果为: 20
5      dump(Cache::has('name'));          // 输出结果为: true
6  }
```

通过浏览器访问，查看读取的缓存数据是否正确。

5.5.4　删除缓存

删除缓存可以使用 pull( )、forget( )或 flush( )方法，具体使用示例如下：

```
// 从缓存中读取指定的缓存项并删除
$value = Cache::pull('key');
// 删除缓存项
Cache::forget('key');
// 清除所有缓存
Cache::flush();
```

在上述方法中，Cache::pull( )方法用于读取并删除缓存，其返回值是读取结果，当缓存项不存在时返回 null。

下面演示读取缓存的使用方法，在 cache( )方法中添加如下代码。

```
1  public function cache()
2  {
```

```
3      Cache::pull('name');                    // 输出结果为: zhangsan
4      Cache::forget('age');                   // 输出结果为: true
5  }
```

通过浏览器访问，查看是否可以正确删除缓存数据。

5.5.5 缓存数值自增或自减

increment( )和 decrement( )方法用于对缓存的数值进行自增和自减，它们的第 1 个参数表示键名，第 2 个参数表示增加或减少的数值，示例代码如下：

```
// 将 key 的值加 1
Cache::increment('key');
// 将 key 的值加$amount
Cache::increment('key', $amount);
// 将 key 的值减 1
Cache::decrement('key');
// 将 key 的值减$amount
Cache::decrement('key', $amount);
```

在实际开发中，increment( )方法经常用于实现统计访问量的功能，示例代码如下：

```
1  public function cache()
2  {
3      // 在缓存中保存一个 count, 作为计数器
4      Cache::add('count', 0, 1000);
5      // 每次访问时, 将 count 的值加 1
6      Cache::increment('count');
7      return '您是第' . Cache::get('count') . '位访客';
8  }
```

上述代码执行后，用户每次刷新网页，count 的值就会加 1。

5.6　辅助函数

Laravel 框架提供了各种各样的辅助函数，主要用于对数组、字符串、URL 和文件路径进行处理，并且 Laravel 框架本身也大量使用了这些辅助函数。本节将对这些辅助函数的使用进行讲解。

5.6.1 数组函数

数组是 PHP 重要的数据类型之一，在开发中会经常对数组进行处理。Laravel 框架内置了数组函数，如数组排序和数组检索函数。常用的数组函数如表 5-1 所示。

表 5-1　常用数组函数

函数名	功能描述
Arr::add()	添加指定键值对到数组
Arr::get()	从数组中获取值，如果获取的值不存在，返回默认值

续表

函数名	功能描述
Arr::first()	返回数组的第一个元素
Arr::last()	返回数组的最后一个元素
Arr::except()	根据键名将指定键值对的元素从数组中移除
Arr::forget()	使用 "." 拼接键名从嵌套数组中移除给定键值对
Arr::collapse()	将多个数组合并成一个
Arr::flatten()	将多维数组转化为一维数组，数组的键是索引
Arr::dot()	将多维数组转化为一维数组，数组的键使用 "." 连接
Arr::prepend()	将数据添加到数组的开头
Arr::only()	从给定数组中返回指定键值对
Arr::pull()	获取指定键的值并将此键值对移除，如果没有值就返回默认值
Arr::set()	设置数组的值，如果是多维数组，使用 "." 拼接对应的键
Arr::divide()	将原数组分割成两个数组，一个包含原数组的所有键，另外一个包含原数组的所有值
Arr::wrap()	向数组中添加指定值，如果给定值为空，则返回空数组
Arr::pluck()	获取数组中指定键对应的键值列表，多用于多维数组

为了帮助读者更好地理解，下面通过代码演示数组函数的使用。

在 TestController 中添加 testArr( )方法，用于测试数组函数的使用，具体代码如下：

```
1  public function testArr()
2  {
3      $array = Arr::add(['name' => 'Tom'], 'age', 18);
4      Arr::get($array, 'name');            // 输出：Tom
5      Arr::get($array, 'gender', 'male'); // 获取 gender 不存在，输出默认值 male
6      $array = Arr::except($array, ['gender']);
7  }
```

在上述代码中，第 3 行代码将指定的值添加到数组中；第 4 行和第 5 行代码根据数组的键获取数据，其中，Arr::get( )方法的第 3 个参数表示当获取的键不存在时，返回指定的默认值；第 6 行代码用于根据键名删除数组元素。

在使用数组函数时，需要在控制器中引入 Arr 类的命名空间，具体代码如下：

```
use Illuminate\Support\Arr;
```

为了保证 testArr( )方法能够被访问，在 routes\web.php 中配置路由规则，具体代码如下：

```
Route::get('test/testArr', 'TestController@testArr');
```

通过浏览器访问 http://laravel.test/test/testArr，查看程序运行结果。

在 Laravel 中，通过 Arr::sort( )函数和 Arr::sortRecursive( )函数实现数组排序功能。在 TestController 的 testArr( )方法中演示数组排序函数的使用，具体代码如下：

```
1  public function testArr()
2  {
3      $array = ['Desk', 'Table', 'Chair'];
4      $sorted = Arr::sort($array);           // ['Chair', 'Desk', 'Table']
5      $num = [100, 300, 200];
6      $numsorted = Arr::sort($num);          // [100, 200, 300]
7  }
```

Arr::sortRecursive( )函数用于对数组进行递归排序，该函数的示例代码如下：

```
1  public function testArr()
2  {
3      $array = [
4          ['Roman', 'Taylor', 'Li'],
5          ['PHP', 'React', 'JavaScript'],
6          ['one' => 1, 'two' => 2, 'three' => 3],
7      ];
8      $sorted = Arr::sortRecursive($array);
9  }
```

上述代码的运行结果如下：

```
1  [
2      ['JavaScript', 'PHP', 'React'],
3      ['one' => 1, 'three' => 3, 'two' => 2],
4      ['Li', 'Roman', 'Taylor'],
5  ]
```

从排序结果可以看出，关联数组按照键名进行升序排序，索引数组按照字母进行升序排序。

Laravel 框架还内置了数组检索函数，具体如表 5-2 所示。

表 5-2　数组检索函数

函数名	功能描述
Arr::has()	检查给定数据项是否在数组中存在
Arr::where()	使用给定闭包对数组进行过滤
Arr::random()	从数组中返回随机值

下面在 testArr( )方法中演示数组检索函数的使用，具体代码如下：

```
1   public function testArr()
2   {
3       $array = ['name' => 'Tom', 'major' => 'PHP'];
4       $contains = Arr::has($array, 'major');        // true
5       $contains = Arr::has($array, 'age');          // false
6       $array = [100, '200', 300, '400', 500];
7       $filtered = Arr::where($array, function ($value, $key) {
8           return is_string($value); // 过滤结果: [1 => '200', 3 => '400']
9       });
10  }
```

在上述代码中，第 3～5 行代码用于检查数组中是否存在指定元素；第 6～9 行代码在闭包中过滤数组中的字符串。通过浏览器访问查看程序的运行结果。

5.6.2　字符串函数

Laravel 框架内置的字符串函数用于操作字符串，在实际开发中有着非常重要的作用。常用的字符串函数如表 5-3 所示。

表 5-3　常用的字符串函数

函数名	功能描述
Str::start()	将值添加到字符串的开始位置
Str::title()	将字符串转换为首字母大写
Str::camel()	将指定字符串转化为驼峰方式
Str::kebab()	将驼峰式字符串转化为 kebab-case 短横式字符串
Str::snake()	将给定的字符串转换为 snake_case 蛇式字符串
Str::studly()	将给定字符串转换为单词首字母大写的格式
Str::startsWith()	判断字符串的开头是否是指定的值
Str::endsWith()	判断字符串是否以给定的值结尾
Str::before()	返回字符串中指定的值之前的所有内容
Str::after()	返回字符串中指定的值之后的所有内容
Str::contains()	判断字符串是否包含给定的值（区分大小写）
Str::finish()	将字符串以给定的值结尾返回
Str::is()	判断字符串是否匹配给定的模式
Str::limit()	按指定的长度截断字符串
Str::random()	生成一个指定长度的随机字符串
Str::replaceArray()	使用数组顺序替换字符串中的值
Str::replaceFirst()	替换字符串中指定值的第一个匹配项
Str::replaceLast()	替换字符串中最后一次出现的指定值
Str::singular()	将字符串转换为单数形式，该函数目前仅支持英文
Str::slug()	将字符串生成为 URL 友好的格式

为了便于读者理解，下面演示字符串函数的使用。

在 TestController 中添加 testStr( )方法，用于测试字符串函数的使用，具体代码如下：

```
1  public function testStr()
2  {
3      Str::camel('foo_bar');                    // fooBar
4      Str::kebab('fooBar');                     // foo-bar
```

```
5      Str::snake('fooBar');                    // foo_bar
6      $matches = Str::is('foo*', 'foobar');  // true
7      $matches = Str::is('baz*', 'foobar');  // false
8  }
```

在使用字符串函数前，需要在控制器中引入 Str 类的命名空间，具体代码如下：

```
use Illuminate\Support\Str;
```

为了保证 testStr( )方法能够访问，在 routes\web.php 文件中配置路由规则，具体代码如下：

```
Route::get('test/testStr', 'TestController@testStr');
```

最后，通过浏览器访问 http://laravel.test/test/testStr，查看程序运行结果。

5.6.3　URL 函数

Laravel 框架内置了 URL 函数用于对 URL 进行操作，常用的 URL 函数如表 5-4 所示。

表 5-4　常用的 URL 函数

函数名	功能描述
action()	为控制器和方法生成 URL，第 1 个参数为控制器和方法名，第 2 个参数为方法的参数
route()	为命名路由生成一个 URL
url()	为给定路径生成完整 URL
secure_url()	为给定路径生成完整的 HTTPS URL
asset()	使用当前请求的 Scheme（HTTP 或 HTTPS）为前端资源生成 URL
secure_asset()	使用 HTTPS 为前端资源生成一个 URL

为了便于读者理解，下面演示 URL 函数的使用。

在 TestController 中添加 testURL( )方法，用于测试 URL 函数的使用，具体代码如下：

```
1  public function testURL()
2  {
3      $url = action('TestController@form');
4      $url = action('TestController@form', ['id' => 1]);
5      $url = route('hello');
6      // 生成结果为 http://localhost/img/photo.jpg
7      $url = asset('img/photo.jpg');
8  }
```

在上述代码中，第 3 行和第 4 行代码用于为 Test 控制器的 form 方法生成 URL；第 5 行代码用于为名称为 "hello" 的路由生成 URL；第 7 行代码为网站指定的前端资源生成 URL。

在 routes\web.php 中配置路由规则，具体代码如下：

```
Route::get('test/testURL', 'TestController@testURL');
```

通过浏览器访问 http://laravel.test/test/testURL，查看程序运行结果。

5.6.4　路径函数

Laravel 框架内置的路径函数，用于对文件路径进行处理，常用的路径函数如表 5-5 所示。

表 5-5 常用的路径函数

函数名	功能描述
app_path()	返回 app 目录的绝对路径
base_path()	返回项目根目录的绝对路径
config_path()	返回应用配置目录 config 的绝对路径
database_path()	返回应用数据库目录 database 的完整路径
public_path()	返回 public 目录的绝对路径
resource_path()	返回 resource 目录的绝对路径
storage_path()	返回 storage 目录的绝对路径

为了便于读者理解，下面演示路径函数的使用。

在 TestController 中添加 testpath( )方法，用于测试路径函数的使用，具体代码如下：

```
1  public function testpath()
2  {
3      $path = app_path();            // C:\web\www\laravel\app
4      $path = base_path();           // C:\web\www\laravel
5  }
```

在 routes\web.php 中配置路由规则，具体代码如下：

```
Route::get('test/testpath', 'TestController@testpath');
```

最后，通过浏览器访问 http://laravel.test/test/testpath，查看程序运行结果。

除了上述几种函数外，Laravel 框架还提供了一些其他常用函数以便于开发人员使用，表 5-6
列举了一些其他常用的函数。

表 5-6 其他常用函数

函数名	功能描述
config()	获取配置变量的值
env()	获取环境变量值，如果不存在则返回默认值
cookie()	创建一个新的 Cookie 实例
session()	用于获取或设置 Session 值
cache()	用于从缓存中获取值
csrf_field()	生成一个包含 CSRF 令牌值的 HTML 隐藏字段
csrf_token()	获取当前 CSRF 令牌的值
app()	返回服务容器实例
request()	获取当前请求实例
response()	创建一个响应实例
back()	返回到用户前一个访问页面
redirect()	HTTP 重定向
abort()	抛出一个被异常处理器渲染的 HTTP 异常

在上述方法中，config( )、env( )、cookie( )、session( )和 cache( )等方法都是在配置文件或程序中进行设置的，通过名称来获取对应的值；csrf_field( )方法多用于表单提交时，在表单中添加 CSRF 令牌抵御 CSRF 攻击。其他函数（如获取当前操作的实例和页面重定向）在开发中也都会使用，感兴趣的读者可以查阅手册。

本章小结

本章先讲解了项目开发中常用功能在 Laravel 中如何实现，包括文件上传、数据分页、验证码、响应控制等功能；接着介绍了如何在框架中使用缓存；最后讲解了 Laravel 框架中的辅助函数并通过代码演示辅助函数的基本使用。通过学习本章的内容，希望读者能理解书中所讲的知识，在实际开发中能够对所学知识综合运用。

课后练习

一、填空题

1. 在模型中调用＿＿＿＿＿方法可实现分页。

2. 在重定向的时候，调用＿＿＿＿＿方法传递错误信息。

3. 在视图中通过调用＿＿＿＿＿方法输出分页链接。

4. 缓存的配置文件是＿＿＿＿＿。

5. 获取数组中第一个元素的函数是＿＿＿＿＿。

二、判断题

1. 在实现分页时调用 paginate( )方法需要传入数据总记录数。（　　　）

2. 通过验证码的配置文件可以设置验证码的字符个数、图片宽高、图片质量等信息。（　　　）

3. 使用 Cache::delete( )语句删除缓存。（　　　）

4. Laravel 中已经封装好了文件上传的相关代码，实现文件只需调用相关方法即可。（　　　）

5. 通过调用 decrement( )方法可使缓存的数值进行自增操作。（　　　）

三、选择题

1. 下列关于分页说法正确的是（　　　）。

A. 可以在页面中引入 Bootstrap 美化分页效果　　B. 分页类只能在模型中调用

C. 调用分页方法需要先计算出总记录数　　D. 以上说法全部正确

2. 下列在控制器中返回数据的语法中，错误的是（　　　）。

A. return display('index');　　B. return 'hello';

C. return redirect('test/home');　　D. return view('welcome');

3. 下列删除缓存的操作错误的是（   ）。

A. Cache::pull('name');　　　　　　　　B. Cache::flush('name');

C. Cache::forget('name');　　　　　　　D. Cache::delete('name');

4. 下列关于文件上传的说法错误的是（   ）。

A. 通过 isValid( )方法可以判断文件是否上传成功

B. 通过 extensions( )方法可获取文件的扩展名

C. 通过 isFile( )可判断是否有上传文件

D. 通过 move( )方法可将文件移动到指定目录

5. 下列语句正确的是（   ）。

A. Cache::add('test', '1'，1);　　　　　　B. Cache::input('test', '1');

C. Cache::insert('test', '1');　　　　　　D. 以上说法全部正确

四、简答题

1. 请列举对缓存进行添加、读取、删除、修改的常用方法。

2. 请列举控制器响应的常用方法。

第 **6** 章

Web前后端数据交互技术

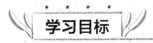

- ★ 掌握<iframe>标签的使用，能够实现页面的局部更新。
- ★ 掌握 Ajax 的基本使用，能够使用 Ajax 实现异步通信。
- ★ 掌握 jQuery 操作 Ajax 的使用方法，能够在开发中熟练使用这些方法。
- ★ 掌握 RESTful API 的定义规则，能够在 Laravel 框架中定义并使用。
- ★ 掌握 Socket 和 WebSocket 的基本使用，能够实现即时通信。

  近年来，Web 前端技术的发展十分迅速，前后端交互也变得十分重要。作为开发人员，为了满足前后端交互的需求，应掌握一些 Web 前后端数据的交互技术，包括<iframe>标签、Ajax、Socket、WebSocket 等。在开发过程中，有时需要将这些技术与 Laravel 框架相结合。本章将对这些技术进行讲解，使读者掌握实现 Web 页面的前后端数据交互的方法。

6.1 <iframe>标签

  <iframe>是 HTML 中的一个标签，其作用就是定义一个内联框架，用于在当前 HTML 文档中嵌入另一个文档。使用<iframe>后，重新加载页面时不需要将整个页面重新加载，只需要重新加载框架中的子页面即可。

  为了便于读者理解<iframe>的使用，下面实现一个简单的聊天案例。在网页的输入框中输入内容，单击"发送"按钮，即可将内容输出到<iframe>中，具体步骤如下。

  （1）创建 C:\web\apache2.4\htdocs\chat.html，具体代码如下：

```
1  <!DOCTYPE html>
2  <html>
```

```
3  <head>
4    <meta charset="UTF-8">
5    <title>iframe</title>
6    <style>
7      .text{height:50px;width:295px;border:1px solid #ccc;float:left;}
8      .input{height:30px;width:50px;color:#fff;background-color:#337ab7;bo
9      rder:1px solid #ccc;margin-top:26px;margin-left:5px}
10   </style>
11 </head>
12 <body>
13   <h1>聊天内容: </h1>
14   <iframe id="fr1" style="height:50px;width:300px;border:1px solid #ccc;">
15   </iframe><br>
16   <textarea id="content" name="content" placeholder="请输入要发送的内容"
17   class="text"></textarea>
18   <input type="button" value="发送" onclick="sendMsg();" class="input" />
19 </body>
20 </html>
```

在上述代码中，创建了聊天页面，第 14 行代码添加<iframe>标签，用于显示发送的聊天内容；第 16 行代码的文本域用于输入聊天内容；第 18 行代码的"发送"按钮用于发送聊天内容，"发送"按钮绑定单击事件，单击按钮后会触发 sendMsg( )方法。

（2）在页面中<body>结束标签前添加 sendMsg( )方法，具体代码如下：

```
1  <script type="text/javascript">
2    function sendMsg() {
3      // 获取输入框中的值
4      var content = document.getElementById('content').value;
5      // 拼接 URL 地址
6      var urlStr = 'chat.php?content=' + content;
7      // 把 urlStr 值赋给 iframe 的 src 属性
8      document.getElementById('fr1').src = urlStr;
9    }
10 </script>
```

在上述代码中，第 4 行代码用于获取文本域的值；第 6 行代码用于拼接<iframe>标签的提交地址；第 8 行代码用于指定<iframe>标签的 src 属性值为拼接好的地址。

（3）创建 C:\web\apache2.4\htdocs\chat.php，用于接收聊天内容并输出，具体代码如下：

```
1  <?php
2  $content = $_GET['content'];
3  echo $content;
```

在浏览器中访问 chat.html，<iframe>聊天页面如图 6-1 所示。

在图 6-1 中，当用户在文本框中输入内容后，单击"发送"按钮，<iframe>标签中就会显示用户发送的内容，并且整个页面没有刷新。

图 6-1　<iframe>聊天页面

6.2　Ajax

虽然使用<iframe>标签可以实现网页局部更新，但<iframe>的功能比较单一，它只适合在结构比较简单的网页中使用。而 Ajax 是一种更加适合网页局部更新的技术，它可以通过 JavaScript 程序来灵活地控制网页什么时候需要更新和什么内容需要更新。本节将对 Ajax 进行详细讲解。

6.2.1　什么是 Ajax

Ajax 是 Asynchronous JavaScript And XML 的缩写，即异步 JavaScript 和 XML 技术。Ajax 并不是一门新的语言或技术，而是由 JavaScript、XML、DOM、CSS 等多种已有技术组合而成的一种浏览器端技术，用于实现与服务器进行异步交互的功能。

相较于传统的网页，Ajax 技术的优势具体如下。

（1）减轻服务器的负担。由于 Ajax 技术是"按需获取数据"，所以能最大限度地减少冗余请求和响应对服务器造成的负担。

（2）节省带宽。使用 Ajax 可以把由服务器负担的一部分工作转移到客户端完成，从而减轻服务器和带宽的负担，节约空间和带宽的租用成本。

（3）用户体验更好。Ajax 技术实现了无刷新更新网页，在不需要重新载入整个页面的情况下，通过 DOM 操作及时地将更新的内容显示在页面中。

6.2.2　Ajax 向服务器发送请求

在使用 Ajax 之前，需要通过 XMLHttpRequest 构造函数创建 Ajax 对象，具体代码如下：

```
var xhr = new XMLHttpRequest();
```

Ajax 对象创建完成后，就可以使用该对象提供的方法向服务器发送请求。下面对 Ajax 对象常用的 open( )、send( )和 setRequestHeader( )方法分别进行介绍。

1. open( )方法

open( )方法用于创建一个新的 HTTP 请求，并指定请求方式、请求 URL 等，其声明方式如下：

```
open('method', 'URL' [, asyncFlag [, 'userName' [, 'password']]])
```

在上述声明中，前两个参数为必选参数，method 用于指定请求方式，如 GET 或 POST，不区分大小写；URL 表示请求的地址。其余参数为可选参数，其中，asyncFlag 用于指定同步请求或异步请求，同步请求为 false，异步请求为 true，默认是异步请求方式；userName 和 password 表示HTTP 认证的用户名和密码。

2. send( )方法

send( )方法用于发送请求到 Web 服务器并接收响应，其声明方式如下：

```
send(content)
```

在上述声明中，content 用于指定要发送的数据，其值可为 DOM 对象的实例、输入流或字符串，一般与 POST 请求类型配合使用。需要注意的是，如果请求声明为同步，该方法将会等待请求完成后才会返回，否则此方法将立即返回。

3. setRequestHeader( )方法

setRequestHeader( )方法用于单独指定某个 HTTP 请求头，其声明方式如下：

```
setRequestHeader('header', 'value')
```

在上述声明中，参数都为字符串类型，其中，header 表示请求头字段，value 为该字段的值。此方法必须在 open( )方法后调用。

在进行 Ajax 开发时，经常使用 GET 或 POST 方式发送请求。其中，GET 方式适合从服务器获取数据，POST 方式适合向服务器发送数据。需要说明的是，在使用 POST 方式发送数据时，需要设置内容的编码格式，告知服务器用什么样的格式来解析数据。

为了便于读者理解使用 Ajax 对象发送请求，下面进行详细讲解。

创建 C:\web\apache2.4\htdocs\ajax.html 文件，发送 Ajax 请求，具体代码如下：

```
1  <script>
2    var xhr = new XMLHttpRequest();        // 创建 Ajax 对象
3    xhr.open('GET', 'ajax.php?a=1&b=2');   // 建立 HTTP 请求
4    xhr.send();                            // 发送请求
5  </script>
```

在相同目录下创建 ajax.php 文件，具体代码如下：

```
1  <?php
2  echo json_encode($_GET);                 // 将 URL 参数转换为 JSON 输出
```

在上述代码中，使用 json_encode( )函数将 URL 请求参数转换为 JSON 格式。

通过浏览器访问 http://localhost/ajax.html，然后在浏览器开发者工具的"Network"面板中查看发送的 GET 请求信息，如图 6-2 所示。

下面演示发送 POST 方式的 Ajax 请求，在 ajax.html 中将发送 GET 方式的 Ajax 请求的代码注释起来，编写发送 POST 方式的 Ajax 请求，具体代码如下：

```
1  <script>
2    var xhr = new XMLHttpRequest();
3    xhr.open('POST', 'ajax.php?a=1&b=2');
4    xhr.setRequestHeader('Content-Type', 'application/x-www-form-urlencoded');
5    xhr.send('c=3&d=4');
6  </script>
```

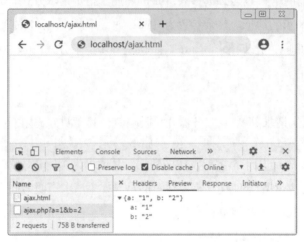

图 6-2　查看 GET 请求信息

在上述代码中，第 3 行代码调用 open( )方法创建请求，该方法的第 2 个参数通过 URL 传递 "a=1&b=2" 参数；第 4 行代码用于在 HTTP 请求头中指定实体内容的编码格式，如果省略此步骤，服务器将无法识别实体内容；第 5 行代码发送内容 "c=3&d=4"。

修改 ajax.php，同时输出 URL 参数和请求发送的数据，具体代码如下：

```
1  <?php
2  echo json_encode([$_GET, $_POST]);
```

通过浏览器访问，在浏览器开发者工具的 "Network" 面板中查看发送的 POST 请求信息，如图 6-3 所示。

图 6-3　查看 POST 请求信息

6.2.3　处理服务器返回的信息

Ajax 向服务器发送请求后，会等待服务器返回响应信息，然后对响应结果进行处理。下面将对如何处理服务器返回的信息进行详细讲解。

1. readyState 属性

readyState 属性用于获取 Ajax 的当前请求状态，状态值有 5 个，具体如表 6-1 所示。

表 6-1　Ajax 对象的状态值

状态值	说明	解释
0	未发送	对象已创建，尚未调用 open( )方法
1	已打开	open( )方法已调用，此时可以调用 send( )方法发起请求
2	收到响应头	send( )方法已调用，响应头也已经被接收
3	数据接收中	响应体部分正在被接收，responseText 将会在载入的过程中拥有部分响应数据
4	完成	数据接收完毕，此时可以通过 responseText 获取完整的响应

另外，Ajax 的状态值还可以通过"XMLHttpRequest.属性名"的方式获取，示例代码如下：

```
XMLHttpRequest.UNSENT;                  // 对应状态值 0
XMLHttpRequest.OPENED;                  // 对应状态值 1
XMLHttpRequest.HEADERS_RECEIVED;        // 对应状态值 2
XMLHttpRequest.LOADING;                 // 对应状态值 3
XMLHttpRequest.DONE;                    // 对应状态值 4
```

2. onreadystatechange 事件

当 readyState 属性值发生改变时，就会触发 onreadystatechange 事件。可简单理解为，onreadystatechange 事件用于感知 readyState 属性状态的变化。

下面演示 onreadystatechange 事件的使用，创建 readyState.html，具体代码如下：

```
1  <script>
2    var xhr = new XMLHttpRequest();
3    xhr.onreadystatechange = function() {
4      console.log(xhr.readyState);
5    };
6    console.log(xhr.readyState);
7    xhr.open('GET', 'ajax.php');
8    xhr.send();
9  </script>
```

在上述代码中，第 6 行代码输出了 readyState 属性的初始值 0，当调用 open( )和 send( )方法后，readyState 属性的值会发生变化，每次变化都会触发 onreadystatechange 事件。

通过浏览器访问，控制台中的输出结果如图 6-4 所示。

3. status 属性

status 属性用于返回当前请求的 HTTP 状态码，值为数值类型。例如，当请求成功时，状态码为 200。另外还有一个类似的属性 statusText，值为字符型数据，包含了描述短语，如"200 OK"。

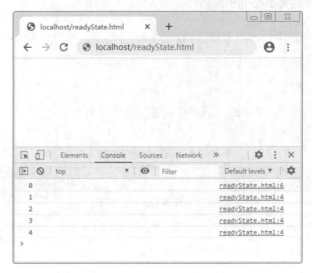

图 6-4　控制台中的输出结果

6.2.4　数据交换格式

在进行前后端应用程序的数据交换时，需要约定一种格式，确保通信双方都能够正确识别发送的信息。目前，通用的数据交换格式有 XML 和 JSON，其中 XML 是历史悠久、应用广泛的数据格式之一，JSON 是近几年在 Web 开发中比较流行的数据格式。下面将对这两种数据格式分别进行讲解。

1. XML

XML（eXtensible Markup Language，可扩展标记语言）是一种使文件具有结构性的标记语言，主要用于描述和存储数据，也可以自定义标签。

下面演示一个简单的 XML 文档，具体代码如下：

```
1  <?xml version="1.0" encoding="utf-8" ?>
2  <booklist>
3   <book>
4    <name>三国演义</name>
5    <author>罗贯中</author>
6   </book>
7   <book>
8    <name>水浒传</name>
9    <author>施耐庵</author>
10   </book>
11 </booklist>
```

上述第 1 行代码是 XML 的声明，其中，version 表示 XML 的版本，是声明中必不可少的属性，且必须放在第 1 位；encoding 用于指定编码。<booklist>、<book>、<name>和<author>是开始标签，</boolist>、</book>、</name>和</author>是结束标签。开始标签、结束标签及其之间的数据内容共同组成了 XML 元素。在 XML 文档中，标签必须成对出现，且对大小写敏感。

　　下面通过案例演示如何在 Laravel 框架中返回 XML 格式的数据，并通过 Ajax 对象处理 XML 数据。

　　在 TestController 中添加 xmldata( )方法，返回 XML 格式的数据，具体代码如下：

```
1  public function xmldata()
2  {
3      $xml = new \SimpleXMLElement('<?xml version="1.0" encoding="UTF-8" ?>
4      <booklist></booklist>');
5      $book = $xml->addChild('book');
6      $book->addChild('name', 'Laravel 框架开发实战');
7      $book->addChild('author', '黑马程序员');
8      $content = $xml->asXML();
9      return response($content)->header('Content-Type', 'text/xml');
10 }
```

　　在上述代码中，第 3 行和第 4 行代码实例化 SimpleXMLElement 对象，在实例化对象时指定 XML 版本和 booklist 根节点；第 5 行代码用于在 booklist 根节点中添加 book 子节点；第 6 行和第 7 行代码用于为 book 节点添加 name 和 author 属性，通过 addChild( )方法的第 2 个参数设置属性内容；第 8 行代码调用 asXML( )方法生成 XML 字符串；第 9 行代码调用 header( )方法将内容返回，在服务器返回 XML 时设置响应头 Content-Type 的值为 text/xml，否则会解析失败。

　　在 web.php 中添加路由规则，具体代码如下：

```
Route::get('test/xmldata', 'TestController@xmldata');
```

　　通过浏览器访问，查看服务器返回的 XML，如图 6-5 所示。

图 6-5　查看服务器返回的 XML

　　在 TestController 中添加 xml( )方法，在该方法中调用发送 Ajax 请求的视图，具体代码如下：

```
1  public function xml()
2  {
3      return view('xml');
4  }
```

　　创建 xml.blade.php，发送 Ajax 请求并对返回的 XML 进行解析，具体代码如下：

```
1  <script>
2   var xhr = new XMLHttpRequest();
3   xhr.onreadystatechange = function() {
4      if (xhr.readyState === XMLHttpRequest.DONE) {
```

```
5        var data = xhr.responseXML;
6        var booklist = data.getElementsByTagName('booklist')[0];
7        console.log(booklist.childNodes);
8      }
9    };
10   xhr.open('GET', '/test/xmldata');
11   xhr.send();
12 </script>
```

上述代码中，第 5 行代码利用 Ajax 对象的 responseXML 属性对 XML 进行处理；第 6 行代码的 getElementsByTagName( )方法获取到的是一个数组形式的对象，为了获取标签为<booklist>的第 1 个元素对象，需要使用"[0]"获取。获取后，通过 childNodes 属性访问所有子节点。

在 web.php 中添加路由规则，具体代码如下：

```
Route::get('test/xml', 'TestController@xml');
```

通过浏览器访问 XML 的所有节点，如图 6-6 所示。

图 6-6　访问 XML 的所有节点

2. JSON

与 XML 数据格式的功能类似，JSON 是一种轻量级的数据交换格式，它采用完全独立于语言的文本格式，这使得 JSON 更易于程序解析和处理。相较于 XML 数据交换格式来说，使用 JSON 对象访问属性的方式获取数据更加方便，在 JavaScript 中可以轻松地在 JSON 字符串与对象之间转换。

在项目开发中，前端工程师一般会要求服务器返回 JSON 格式的数据。在 Laravel 框架中已经对 JSON 响应进行了封装，下面通过案例演示如何在 Laravel 框架中返回 JSON 格式的数据并通过 Ajax 对象处理 JSON 数据。

在 TestController 中添加 jsondata( )方法，返回 JSON 格式的数据，具体代码如下：

```
1 public function jsondata()
2 {
```

```
3    $data = [['name' => 'Tom', 'age' => 24], ['name' => 'Sun', 'age' => 20]];
4    return response()->json($data);
5  }
```

在上述代码中，第 3 行代码定义了二维数组；第 4 行代码调用 json() 方法将 $data 转换为 JSON 格式的数据。

在 web.php 中添加路由规则，具体代码如下：

```
Route::get('test/jsondata', 'TestController@jsondata');
```

通过浏览器访问，打开开发者工具 "Network" 面板，查看服务器返回的 JSON 数据，如图 6-7 所示。

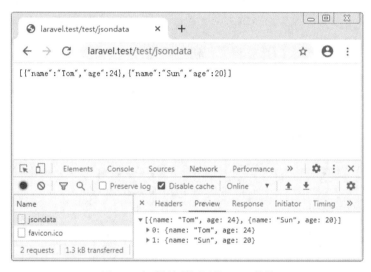

图 6-7　查看服务器返回的 JSON 数据

在 TestController 中添加 json() 方法，具体代码如下：

```
1  public function json()
2  {
3      return view('json');
4  }
```

创建 json.blade.php，发送 Ajax 请求并对返回的 JSON 数据进行处理，具体代码如下：

```
1  <script>
2   var xhr = new XMLHttpRequest();
3   xhr.onreadystatechange = function() {
4    if (xhr.readyState === XMLHttpRequest.DONE) {
5      var obj = JSON.parse(xhr.responseText);
6      console.log(obj);
7    }
8   };
9   xhr.open('GET', '/test/jsondata');
10  xhr.send();
11 </script>
```

在上述代码中，第 5 行代码将 JSON 字符串转换为对象；第 6 行代码将 JSON 对象打印在

"Console" 面板中。

在 web.php 中添加路由规则，具体如下：

```
Route::get('test/json', 'TestController@json');
```

通过浏览器访问，切换到开发者工具的 "Console" 面板中，查看将 JSON 字符串转换为对象的运行结果，如图 6-8 所示。

图 6-8　将 JSON 字符串转换为对象

6.2.5　jQuery 操作 Ajax

6.2.2 节中介绍了原生 Ajax 的实现，通过案例可以看出原生 Ajax 的实现代码比较复杂，而且浏览器兼容问题也比较多。因此，jQuery 对 Ajax 的操作进行了封装，简化了 Ajax 操作的开发过程。下面介绍如何使用 jQuery 操作 Ajax。

jQuery 对 Ajax 操作方法进行封装，常用的 Ajax 操作方法如表 6-2 所示。

表 6-2　常用的 Ajax 操作方法

方法	说明
$.get(url[,data][,fn][,type])	通过远程 HTTP GET 请求载入信息
$.post(url[,data][,fn][,type])	通过远程 HTTP POST 请求载入信息
$.ajax(url[,options])	通过 HTTP 请求加载远程数据

在表 6-2 中，参数 url 表示待请求页面的 URL 地址；data 表示传递的数据；参数 fn 表示请求成功时，执行的回调函数；参数 type 用于设置服务器返回的数据类型，如 XML、JSON、HTML、TEXT 等。

$.ajax( )方法的第 2 个参数 options 用于设置 Ajax 请求的相关选项，常用的选项如表 6-3 所示。

表 6-3　$.ajax()方法的常用选项

选项名称	说明
url	处理 Ajax 请求的服务器地址
data	发送 Ajax 请求时传递的数据
success	Ajax 请求成功时所触发的回调函数
type	发送的 HTTP 请求方式，如 GET、POST
datatype	期待的返回值类型，如 XML、JSON、SCRIPT 或 HTML 数据类型
async	是否异步，true 表示异步，false 表示同步，默认值为 true
cache	是否缓存，true 表示缓存，false 表示不缓存，默认值为 true
contentType	请求头，默认值为 application/x-www-form-urlencoded;charset=UTF-8
complete	当服务器接收 Ajax 请求传送的数据后触发的回调函数
jsonp	在一个 jsonp 请求中重写回调函数的名称

为了便于读者更好地理解 Ajax 相关方法的使用，以$.post( )和$.ajax( )为例进行演示。

1. $.post( )

$.post( )方法用于通过 POST 方式向服务器发送 Ajax 请求，并载入数据，示例代码如下：

```
1 $.post('index.php', {id: 2, name: 'JS'}, function (msg) {
2   console.log(msg.id + '-' + msg.name);    // 输出结果：2-JS
3 }, 'json');
```

上述代码表示处理当前 Ajax 请求的地址是同级目录下的 index.php，在 Ajax 请求成功后，接收 index.php 返回的 JSON 格式的数据并在控制台输出。

2. $.ajax( )

在 jQuery 操作 Ajax 的方法中，$ajax( )方法是底层方法，通过该方法的 options 参数，可以实现$.get( )方法和$.post( )方法同样的功能。下面演示$.ajax( )方法的 3 种使用方式。

（1）发送 GET 请求，示例代码如下：

```
$.ajax('index.php');
```

（2）发送 GET 请求并传递数据，接收返回结果，示例代码如下：

```
1 $.ajax('index.php', {
2   data: {book: 'PHP', sales: 2000),       // 要发送的数据
3   success: function(msg) {                 // 请求成功后执行的函数
4     alert(msg);
5   }
6 });
```

（3）配置详细的 option 参数并发送 GET 请求，示例代码如下：

```
1 $.ajax({
2   type: 'GET',                            // 请求方式(GET 或 POST)，默认为 GET
3   url: 'index.php',                       // 请求地址
4   data: {book: 'PHP', sales: 2000},
5   success: function(msg){
```

```
6      console.log(msg);
7    }
8  });
```

通过上述 3 种方式都可以发送 GET 方式的 Ajax 请求。相比于原生 Ajax，使用 jQuery 来操作 Ajax，代码更简洁，可减少不必要的错误。

┃┃┃ 多学一招: 在 Ajax 请求中提交令牌

Laravel 框架的 CSRF 令牌可以通过{{ csrf_token( ) }}来获取，将令牌放入到 headers 请求头中发送即可。下面通过代码演示如何在 jQuery 的 Ajax 请求中提交令牌，具体示例代码如下：

```
1  $.ajax({
2    url: '{{ route("trans") }}',
3    type: 'POST',
4    headers: { 'X-CSRF-TOKEN': '{{ csrf_token() }}' },
5    data: { },
6    scccess: function(res) {
7      console.log(res);
8    }
9  });
```

在上述代码中，第 2 行代码用于指定 Ajax 请求发送的地址；第 3 行代码用于指定请求方式为 POST；第 4 行代码用于将令牌放入 headers 请求头中。

6.3　RESTful API

在早期的网站开发中，页面的数据渲染全部是在服务端完成的，这种方式最大的弊端是后期维护非常麻烦，要求维护人员必须具备前后端的知识。后来出现了前后端分离的思想，后端通过 API 提供数据，前端调用 API 渲染数据。伴随着前后端分离思想的诞生，出现了很多 API 设计风格，RESTful API 就是一种比较流行的 API 设计风格，下面对 RESTful API 进行详细讲解。

6.3.1　什么是 RESTful API

RESTful API 是一种 API 设计风格。在开始学习 RESTful API 之前，应先了解 RESTful 架构。

REST（Representational State Transfer）是指资源表现层状态的转化。这里提到的资源，是指服务器上的一个实体或一个具体信息，它可以是一段文本、一张图片、一个文件。每个资源都对应一个 URI，通过访问它的 URI 就可以获取这个资源。

资源有多种外在的表现形式，把资源具体呈现出来的形式称为表现层。例如，文本可以用 TXT 格式表现，也可以用 HTML 格式、XML 格式、JSON 格式来表现；图片可以用 JPG 格式表现，也可以用 PNG 格式表现。

访问网站时，客户端和服务器会产生一个互动过程，在这个互动过程中，数据的状态会发生变化。由于 HTTP 是无状态协议，所有的状态都保存在服务器端，如果客户端想要操作服务器，必须通过某种手段，让服务器端的资源发生状态转化。这种转化建立在资源的表现层上，所以整个过程就称为表现层的状态转化。

RESTful API 通过 HTTP 中的 4 个表示操作方式的动词对资源进行操作，即 GET、POST、PUT 和 DELETE。其中，GET 用于获取资源，POST 用于创建资源，PUT 用于更新资源，DELETE 用于删除资源。

例如，要对一篇文章进行添加、删除、修改、查询等操作，传统 URL 表示方法如表 6-4 所示。

表 6-4　传统 URL 表示方法

请求方式	URL	说明
GET	/blog/getArticles	获取文章
GET	/blog/addArticles	添加文章
GET	/blog/editArticles	修改文章
GET	/blog/deleteArticles?id=1	删除文章

使用 RESTful API 的 URL 表示方法如表 6-5 所示。

表 6-5　使用 RESTful API 的 URL 表示方法

请求方式	URL	说明
GET	/blog/Articles	获取文章
POST	/blog/Articles	添加文章
PUT	/blog/Articles	修改文章
DELETE	/blog/Articles/1	删除文章

通过对比表 6-4 和表 6-5 可知，使用 RESTful API，不用在 URL 中体现具体的操作，而是通过 HTTP 的请求方式来表示具体的操作。

6.3.2　Laravel 实现 RESTful API

在了解什么是 RESTful API 后，下面讲解如何在 Laravel 框架中实现一个简单的 RESTful API。

下面演示利用命令创建一个 Article 资源，在命令行中切换到 C:\web\www\laravel 目录，执行命令进行创建，具体命令如下：

```
php artisan make:resource Article
```

执行上述命令后，在 App\Http\Resources 目录下会生成 Article 资源，使用编辑器打开该文件，具体代码如下：

```
1  <?php
2
3  namespace App\Http\Resources;
```

```
4
5   use Illuminate\Http\Resources\Json\JsonResource;
6
7   class Article extends JsonResource
8   {
9       /**
10       * Transform the resource into an array.
11       * @param  \Illuminate\Http\Request  $request
12       * @return array
13       */
14      public function toArray($request)
15      {
16          return parent::toArray($request);
17      }
18  }
```

在上述代码中，Article 被放在了 App\Http\Resources 命名空间下，第 5 行代码导入了 JsonResource 类，该类用于对资源进行 JSON 处理。

下面创建 Article 模型，具体命令如下：

```
php artisan make:model Models/Article -mc
```

在上述命令中，-mc 是-m -c 的简写形式，-m 表示在创建模型的同时创建迁移文件；-c 表示为模型创建控制器。执行命令后，会创建好模型、数据库迁移文件和控制器，控制器和模型创建结果如图 6-9 所示。

图 6-9　控制器和模型创建结果

下面在数据库迁移文件的 up( )方法中添加表结构信息，具体代码如下：

```
1   public function up()
2   {
3       Schema::create('articles', function (Blueprint $table) {
4           $table->increments('id')->comment('id');
5           $table->string('username', '60')->unique()->comment('用户名称');
6           $table->string('email', '30')->unique()->comment('用户邮箱');
7           $table->ipAddress('ipAddress')->comment('ip 地址');
8           $table->timestamps();
9       });
10  }
```

下面在命令行中执行迁移，具体命令如下：

```
php artisan migrate
```

执行迁移文件后，会在数据库中生成一张名称为 articles 的数据表，下面生成数据填充文件，具体命令如下：

```
php artisan make:seeder ArticlesTableSeeder
```

在数据填充文件中，为 articles 表填充数据，插入 5 条测试数据，具体代码如下：

```
1  public function run()
2  {
3      Article::truncate();
4      $faker = \Faker\Factory::create();
5      for ($i = 0; $i < 5; $i++) {
6          Article::create([
7              'username' => $faker->name.str_random(5),
8              'email' => str_random(10) . '@baidu.com',
9              'ipAddress' => '127.0.0.1',
10         ]);
11     }
12 }
```

完成数据填充文件的编写后，执行如下命令将数据填充到数据表中。

```
php artisan db:seed --class=ArticlesTableSeeder
```

完成上述操作后，数据库迁移和数据填充就都已经成功了。

下面查看数据表中是否生成了测试数据。编辑 ArticleController，在该控制器中分别添加 index( )
和 show( )方法，具体代码如下：

```
1  public function index()
2  {
3      return Article::all();
4  }
5  public function show($id)
6  {
7      return Article::where('id',$id)->first();
8  }
```

在控制器中导入 Article 模型的命名空间，具体代码如下：

```
use App\Models\Article;
```

下面注册路由，由于实现的是 API，所以需要将路由注册到 routes\api.php 中，具体代码如下：

```
1  Route::get('articles', 'ArticleController@index');
2  Route::get('articles/{id}', 'ArticleController@show');
```

上述代码中，第 1 行代码用于获取所有的文章；第 2 行代码根据 id 获取指定文章的内容。通
过浏览器访问，获取的所有文章内容如图 6-10 和图 6-11 所示。

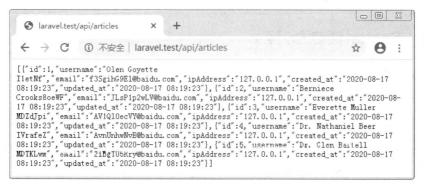

图 6-10　获取的所有文章内容

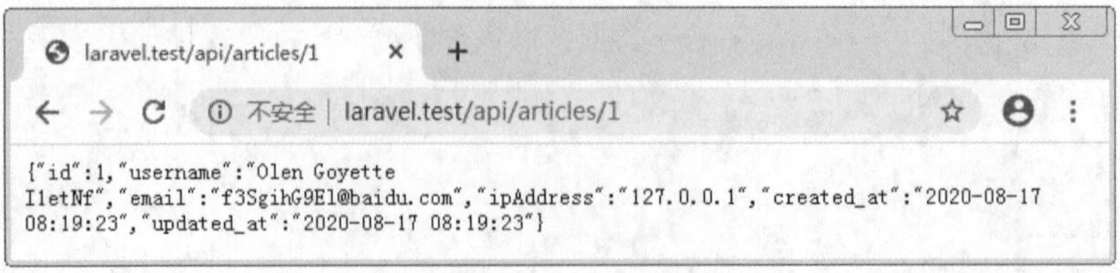

图 6-11　根据 id 获取指定文章的内容

6.4　Socket

网络上的两个程序通过一个双向的通信连接实现数据的交换，这个连接称为 Socket 通信，通信连接的一端称为 Socket。Socket 是一种比较偏底层的技术，在 PHP 中使用 Socket 的场景并不多，而 WebSocket 才是 PHP 开发中比较常用的技术。在学习 WebSocket 前，需要先具备 Socket 基础知识，因此本节将对 Socket 的使用进行详细讲解。

6.4.1　Socket 通信的常用函数

Socket 通信是双向的长连接，它提供了网络通信的一些函数，使用这些函数可以控制数据的发送。Socket 通信常用函数如表 6-6 所示。

表 6-6　Socket 通信常用函数

函数名	说明
socket_create()	创建 Socket
socket_bind()	绑定一个 Socket
socket_listen()	监听端口
socket_accept()	与客户端建立连接
socket_read()	读取客户端传递过来的数据
socket_write()	给客户端写数据
socket_close()	关闭 Socket 连接

6.4.2　Socket 通信的过程

Socket 通信的过程是客户端和服务端通信的过程。在使用 Socket 通信时，需要先建立并启动服务端，只有在服务端启动之后，客户端才能连接。

服务端的创建过程大致如下：先使用 socket_create() 函数创建一个 Socket，Socket 创建完成后，要使用 socket_bind() 函数绑定端口并使用 socket_listen() 函数对这个端口进行监听，只要这个端口有数据传输，监听就是持续、不间断的。然后，使用 socket_accept() 函数与客户端建立连接，建立连接后，服务器就可以使用 socket_read() 函数或 socket_write() 函数向客户端读取数据或写数据。

需要注意的是，数据传输结束后，需要使用 socket_close( )函数关闭服务端的 Socket，这样监听任务才会结束，如果不关闭 Socket，整个监听任务会一直存在。

6.4.3　【案例】使用 Socket 实现聊天功能

使用 Socket 实现聊天功能的思路大致如下：首先基于 PHP 编写服务端程序，在服务端创建 Socket 并绑定 9506 端口来监听客户端的连接，然后编写客户端的程序，使客户端与服务端建立连接。当客户端发送消息时，服务端会接收客户端的消息并输出，当服务端发送消息时，客户端会显示服务端发来的消息。下面根据上述实现思路分步骤实现聊天功能。

（1）在使用 Socket 前，需要开启 Socket 扩展。在 php.ini 中找到如下代码，将 ";" 去掉，具体代码如下：

```
extension=sockets
```

（2）下面实现 Socket 服务端。创建 C:\web\apache2.4\htdocs\server.php 文件，在服务端创建 Socket，给 Socket 绑定端口并监听，具体代码如下：

```
1  <?php
2  $socket = socket_create(AF_INET, SOCK_STREAM, SOL_TCP);
3  socket_bind($socket, '127.0.0.1', 9506);
4  socket_listen($socket, 5);
```

（3）与客户端建立连接并读取和发送数据，具体代码如下：

```
1  while (true) {
2      $con = socket_accept($socket);
3      if ($con !== false) {
4          socket_write($con, 'connecting', 10);
5          while ($str = socket_read($con, 1024)) {
6              echo 'client:' . $str . "\n";
7              $writeStr = trim(fgets(STDIN));
8              if ($writeStr) {
9                  socket_write($con, $writeStr, strlen($writeStr));
10             }
11         }
12         socket_close($con);
13     }
14 }
```

在上述代码中，第 2 行代码用于与客户端连接，如果与客户端成功建立连接，则执行第 4 行代码向客户端写入文本内容 "connecting"；第 6 行代码用于输出客户端发送的数据，输出格式为 "client:内容"；第 7～10 行代码用于获取服务端输入的数据并将数据发送至客户端。

（4）下面实现 Socket 客户端。创建 C:\web\apache2.4\htdocs\client.php 文件，具体代码如下：

```
1  <?php
2  $socket = socket_create(AF_INET, SOCK_STREAM, SOL_TCP);
3  socket_connect($socket, '127.0.0.1', 9506);
4  while ($t = socket_read($socket, 1024)) {
5      echo 'server:' . $t . "\n";
```

```
 6      $str = trim(fgets(STDIN));
 7      if ($str) {
 8          socket_write($socket, $str, strlen($str));
 9      }
10 }
11 socket_close($socket);
```

在上述代码中，第 3 行代码用于连接已经创建好的 Socket，需要注意的是，连接地址和端口号必须与服务端保持一致；第 4 行代码用于读取服务端发送的数据；第 5 行代码用于输出服务端发送的数据，输出格式为"server:内容"；第 6～9 行代码用于获取客户端输入的数据并将数据发送至服务端。

下面测试聊天功能，先在命令行中使用 PHP 命令执行服务端和客户端文件，具体如图 6-12 和图 6-13 所示。

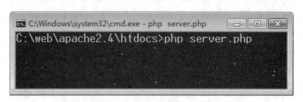

图 6-12　服务端运行结果

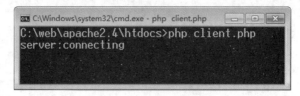

图 6-13　客户端运行结果

在图 6-13 中，当客户端与服务端建立连接后，会在客户端输出内容"server:connecting"，表示客户端和服务端已经连接成功。

当在客户端发送消息时，服务端接收的消息如图 6-14 所示。

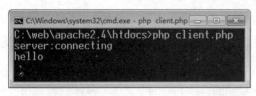

图 6-14　服务端接收的消息

在图 6-14 中，左侧为客户端，在客户端发送"hello"文本消息时，右侧的服务端输出了接收到的消息，输出格式为"client:hello"，表示此条消息来自于客户端。

当在服务端发送消息时，客户端接收的消息如图 6-15 所示。

图 6-15　客户端接收的消息

在图 6-15 中，左侧为服务端，在服务端发送 "hi" 文本消息时，右侧客户端输出接收到的消息，输出格式为 "server:hi"，表示此条消息来自于服务端。

6.5　WebSocket

在网站中即时通信是很常见的功能，如在线聊天、客服系统等。按照以往的技术通常采用 Ajax 轮询的方式来实现，为了传输一个很小的数据，需要耗费很多资源。WebSocket 是浏览器和服务器之间一种比较节省资源的通信协议，本节将学习 WebSocket 的使用和使用 Workerman 实现即时聊天功能。

6.5.1　什么是 WebSocket

WebSocket 是 HTML5 的一种新协议，它实现了浏览器与服务器双向通信，能更好地节省服务器资源和带宽并达到即时通信的效果。

WebSocket 同 HTTP 一样也是应用层的协议，但它是一种双向通信协议，是建立在 TCP 之上的。传统的 HTTP 每次请求和应答都需要客户端与服务端重新建立连接，使用 WebSocket 协议建立连接后，服务器和客户端之间都能主动向对方发送或接收数据。

WebSocket 是类似于 Socket 的长连接通信模式，数据都以帧序列的形式传输。在客户端断开 WebSocket 连接前，不需要客户端和服务端重新发起连接请求。在并发数很大或客户端与服务器交互负载流量大的情况下，WebSocket 节省了网络带宽资源的消耗，有明显的性能优势，并且客户端发送和接收消息是在同一个持久连接上发起的，实时性更明显。

WebSocket 分为服务器端代码和客户端（浏览器）代码，可以借助 PHP 的 Workerman 框架来搭建服务器，而客户端需要使用 JavaScript 编写。在 JavaScript 中使用 WebSocket( ) 构造函数创建一个实例来发送请求，示例代码如下：

```
var ws = new WebSocket('ws://127.0.0.1:2000');
```

上述代码中，WebSocket( ) 构造函数的参数表示服务器地址，该构造函数执行后会创建一个 WebSocket 实例，将它保存为 ws。WebSocket 实例的常用方法如表 6-7 所示。

表 6-7　WebSocket 实例的常用方法

方法名	说明
send(string)	向服务器发送数据
onMessage()	监听服务器发送过来的数据
onclose()	监听服务器开关状态

6.5.2　Workerman 框架

使用原生 PHP 代码实现 WebSocket 是很复杂的，在实际开发中更推荐借助框架来完成 WebSocket 的开发。

Workerman 是一款纯 PHP 开发的 PHP Socket 服务框架，具有开源、高性能等特点，该框架秉承"极简、稳定、高性能、分布式"的设计理念，具体介绍如下。

（1）极简。Workerman 的内核非常简单，仅有几个.php 文件并且只对外开放几个接口，学习起来非常简单。

（2）稳定。Workerman 已经开源了多年，被很多公司使用，运行比较稳定。

（3）高性能。Workerman 不依赖 Apache、Nginx 等 Web 服务器，不涉及对每个请求的初始化和销毁内存开销，比传统的 MVC 框架的性能高。

（4）分布式。Workerman 提供了一套长连接分布式通信方案 GatewayWorker 框架，无须更改代码即可使用，并让系统承载能力成倍增加，针对长连接应用提供了更丰富的接口并具有强悍的分布式处理能力。

Workerman 不仅可以用于 Web 开发，同时还有更广阔的应用领域。例如，即时通信、物联网、游戏、服务治理、其他服务器或者中间件等。

6.5.3　Workerman 的基本使用

使用 Workerman 框架需确保 PHP 版本不低于 5.3.3，本书的使用的 PHP 版本是 7.2，可以直接进行安装。

Workerman 实际上是一个 PHP 代码包，只需要把 Workerman 源代码或者 demo 下载后运行即可。Workerman 有两种安装方式：一种是使用 Composer 安装，另一种是使用 Git 安装。由于前面已经安装过 Composer，因此选择使用 Composer 安装。

创建 C:\web\apache2.4\htdocs\workerman 目录，确保该目录为空。然后用 VS Code 编辑器打开该目录，打开终端，执行如下命令即可开始安装 Workerman。

```
composer require workerman/workerman
```

Workerman 安装成功后，输出结果如图 6-16 所示。

在安装了 Workerman 后，如何使用 Workerman 呢？其实 Workerman 的使用非常简单，下面将通过代码演示 Workerman 的使用。

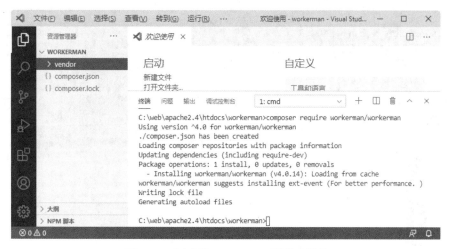

图 6-16　成功安装 Workerman 后的输出结果

（1）在 workerman 根目录下创建 start.php 文件，具体代码如下：

```php
1  <?php
2  use Workerman\Worker;
3  require_once __DIR__ . '/vendor/workerman/workerman/Autoloader.php';
4  $ws_worker = new Worker('websocket://0.0.0.0:2000');
5  $ws_worker->count = 4;
6  $ws_worker->onMessage = function($connection, $data)
7  {
8      $connection->send('hello ' . $data);
9  };
10 Worker::runAll();
```

在上述代码中，第 4 行代码创建了一个使用 WebSocket 协议通信的 Worker，端口号为 2000；第 5 行代码启动了 4 个进程对外提供服务；第 6～9 行代码在服务器接收到浏览器发送的数据后，将数据拼接上 "hello" 字符串后返回给浏览器；第 10 行代码用于运行 Worker。

（2）在命令行中切换至 start.php 所在目录，运行如下命令即可启动 Workerman。

```
php start.php start
```

执行上述命令后，输出结果如图 6-17 所示，说明 Workerman 启动成功。

（3）创建 chat.html，具体代码如下：

```html
1  <!DOCTYPE html>
2  <html>
3  <head>
4    <meta charset="UTF-8">
5    <title>WebSocket</title>
6  </head>
7  <body>
8  <script type="text/javascript">
9    ws = new WebSocket('ws://127.0.0.1:2000');
10   ws.onopen = function() {
```

```
11    ws.send('tom');
12    alert('给服务端发送一个字符串：tom');
13   };
14   ws.onmessage = function(e) {
15    alert('收到服务端的消息：' + e.data);
16   };
17 </script>
18 </body>
19 </html>
```

图 6-17　Workerman 启动成功时的命令运行结果

在上述代码中，第 9 行代码用于连接 WebSocket 服务器；第 10～13 行代码用于向服务端发送字符串；第 14～16 行代码用于接收服务端返回的消息。

（4）通过浏览器访问 chat.html，其页面效果如图 6-18 和图 6-19 所示。

图 6-18　向服务端发送数据时的页面效果

图 6-19　接收服务端返回的数据时的页面效果

本章小结

本章主要讲解了如何实现 Web 前后端数据的交互，主要通过使用<iframe>、Ajax、使用 jQuery 操作 Ajax 等技术实现前后端的数据交互，学习了如何在 Laravel 框架中实现 RESTful API，最后学习了 Socket 和 WebSocket，通过聊天案例来帮助读者更好地理解知识点。希望通过学习本章的内容，读者能够掌握前后端交互技术，并在以后的网站开发中熟练使用这些技术处理前后端交互问题。

课后练习

一、填空题

1. Ajax 是 Asynchronous JavaScript And XML 的缩写，即_____和_____技术。

2. Ajax 对象的创建需要使用_____。

3. 创建 Socket 的函数是_____。

4. XMLHttpRequest 对象的_____属性用于将响应信息作为字符串返回。

5. XMLHttpRequest 对象_____方法用于创建一个新的 HTTP 请求。

二、判断题

1. XMLHttpRequest 对象的 send( )方法用于取消当前的异步请求。（　　）

2. Ajax 技术可以实现浏览器与服务器的异步交互。（　　）

3. XMLHttpRequest 对象 send( )方法用于创建一个新的 HTTP 请求。（　　）

4. 在 jQuery 中，$.ajax( )方法用于发送 Ajax 请求。（　　）

5. XMLHttpRequest 对象的 open( )方法用于发送请求到服务器并接收回应。（　　）

三、选择题

1. 下列 XMLHttpRequest 对象中的方法，用于发送请求并接收回应的是（　　）。

A. open( )　　　　　　　　　　　　B. send( )

C. setRequestHeader( )　　　　　　　D. abort( )

2. 下列选项中，（　　）事件用于感知 Ajax 状态的转变。

A. onreadystatechange　　　　　　　B. onchange

C. readyState　　　　　　　　　　　D. status

3. 下列选项中，不是 Socket 通信函数的是（　　）。

A. socket_create( )　　　　　　　　　B. sockct_bind( )

C. socket_read( )　　　　　　　　　　D. socket_get( )

4. 以下 jQuery 的 Ajax 方法中，属于底层方法的是（　　）。

A.　$.get( )

B.　$.ajax( )

C.　$.getJSON( )

D.　$.getScript( )

5.　阅读以下代码：

```
1  $.ajax({
2    type: 'get',
3    url: 'demo.php',
4    data: 'name=' + encodeURI('测试数据'),
5    complete: function() {
6      alert('1');
7    },
8    beforeSend: function() {
9      alert('2');
10   },
11   success: function(data) {
12     alert('3');
13   },
14   error: function() {
15     alert('4');
16   }
17 });
```

如果服务器端不存在 demo.php，则弹出警告框的顺序是（　　　）。

A.　2-3-1　　　　　　B.　2-4-3　　　　　C.　2-4-1　　　　　D.　2-1-4

四、简答题

1.　XMLHttpRequest 对象的 open( )方法有几个参数？每个参数的作用是什么？

2.　简述 XMLHttpRequest 对象的 readyState 属性的状态值。

第 **7** 章

内容管理系统（上）

. . . . .

学习目标

★ 掌握后台用户登录功能的开发，能够运用表单和 Session 技术完成用户模块。

★ 掌握栏目管理功能的开发，能够实现栏目数据的管理。

★ 掌握内容管理功能的开发，能够实现内容数据的管理并运用插件提高用户体验。

★ 掌握广告位管理功能的开发，能够实现广告位数据的管理。

★ 掌握广告内容管理功能的开发，能够实现上传内容图片的功能。

Laravel 框架可以开发各种不同类型的项目，内容管理系统（Content Management System，CMS）是一种比较典型的项目，常见的网站类型（如门户、新闻、博客、文章等）都可以利用 CMS 进行搭建。CMS 用于对信息进行分类管理，将信息有序、及时地呈现在用户面前，满足人们发布信息、获取信息的需求，保证信息的共享更加快捷和方便。本章将讲解如何使用 Laravel 框架开发内容管理系统。

7.1 项目介绍

在本书的配套源代码包中已经提供了内容管理系统的完整源码，读者可以将代码部署到本地开发环境中运行。

本项目分为前台和后台，下面先展示一下项目的前台首页，如图 7-1 所示。

在图 7-1 中，前台的功能包括用户登录与注册、内容列表、内容详细页、广告展示、评论和热门内容等。

再来看一下后台的页面效果。后台在未登录的状态下会自动跳转至登录页面，如图 7-2 所示。

图 7-1   前台首页

图 7-2   后台登录页面

在图 7-2 所示的页面中，输入用户名 "admin"、密码 "123456" 和验证码后，单击 "登录"
按钮，即可进行登录。其中，验证码是指文本框下方的图片中显示的字符串，这个字符串是随机
生成的，每次打开页面时显示的字符串都是不同的。如果图片中的字符串看不清楚，可以单击图
片，更换一张新的验证码图片。

登录成功后，就会进入后台首页，其页面效果如图 7-3 所示。

图 7-3　后台首页页面效果

在图 7-3 中，顶部右侧显示了当前登录的用户名"admin"和"退出"按钮，单击"退出"按钮即可退出后台系统。页面的左侧有一个菜单栏，用户可以在菜单栏中选择一个菜单项进行操作。

小提示：

项目中需要使用到的技术点包括文件上传、分页和会话技术。整个项目开发基于实现功能的步骤来完成，先实现后台开发，提供数据支持，再完成前台的数据展示。

7.2　前期准备

熟悉了项目的实现效果后，在进行项目开发前，先进行前期的准备工作，具体步骤如下。

（1）在 C:\web\apache2.4\htdocs\cms 目录下打开终端，执行如下命令，安装 Laravel。

```
composer create-project --prefer-dist laravel/laravel ./ 5.8.*
```

在上述命令中，"./"表示当前目录，执行完命令后，会在当前目录中保存 Laravel 项目的所有代码。

（2）框架安装完成后，在 Apache 的 conf\extra\httpd-vhosts.conf 配置文件中创建一个虚拟主机，具体配置如下：

```
<VirtualHost *:80>
    DocumentRoot "C:/web/apache2.4/htdocs/cms/public"
    ServerName cms.test
</VirtualHost>
```

保存配置文件后，重启 Apache 使配置生效。然后，编辑 Windows 系统的 hosts 文件，添加一条解析记录"127.0.0.1 cms.test"。

完成上述步骤后，就可以通过虚拟主机的地址 http://cms.test 访问项目了。

（3）在本书的配套源代码包中，提供了内容管理系统的前台和后台的静态资源，可将这些静态资源复制到项目对应的目录下，如图 7-4 和图 7-5 所示。

图 7-4　前台静态资源目录

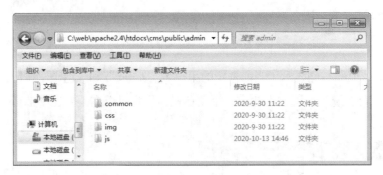

图 7-5　后台静态资源目录

（4）登录 MySQL 服务器，创建数据库 cms，将 cms 作为内容管理系统的数据库，具体 SQL 如下：

```
mysql> CREATE DATABASE cms CHARSET utf8;
```

（5）打开项目，在 config\database.php 数据库配置文件中，将数据库名称修改为 cms，具体代码如下：

```php
1  <?php
2  return [
3      ……（原有代码）
4      'mysql' => [
5          'driver' => 'mysql',
6          'url' => env('DATABASE_URL'),
7          'host' => env('DB_HOST', '127.0.0.1'),
8          'port' => env('DB_PORT', '3306'),
9          'database' => env('DB_DATABASE', 'cms'),
10         'username' => env('DB_USERNAME', 'root'),
11         'password' => env('DB_PASSWORD', '123456'),
12         'unix_socket' => env('DB_SOCKET', ''),
13         'charset' => 'utf8mb4',
14         'collation' => 'utf8mb4_unicode_ci',
```

```
15          'prefix' => '',
16          'prefix_indexes' => true,
17          'strict' => true,
18          'engine' => null,
19          'options' => extension_loaded('pdo_mysql') ? array_filter([
20              PDO::MYSQL_ATTR_SSL_CA => env('MYSQL_ATTR_SSL_CA'),
21          ]) : [],
22      ],
23      ……（原有代码）
24 ];
```

（6）在.env 文件中配置正确的数据库配置信息，具体代码如下：

```
DB_CONNECTION=mysql
DB_HOST=127.0.0.1
DB_PORT=3306
DB_DATABASE=cms
DB_USERNAME=root
DB_PASSWORD=123456
```

完成上述步骤后，即可在项目中访问数据库。

7.3 后台用户登录

前期准备工作完成后，下面实现后台用户登录的功能，既可以用 Laravel 中的 Auth 认证来实现用户登录，也可以手动编写代码实现用户登录。这里选择手动编写代码实现。其开发思路为，先创建用户表，然后编写登录页面。当用户在登录页面提交表单后，需要编写一个方法来接收表单，判断用户输入的用户名和密码是否正确。如果登录成功，使用 Session 记住登录状态，并在下次页面打开后判断用户是否已经登录。本节将会对这些内容进行详细讲解。

7.3.1 创建用户表

（1）在命令行中执行如下命令创建迁移文件，具体命令如下：

```
php artisan make:migration create_admin_user_table
```

执行完上述命令后，会在 database\migrations 目录下生成文件名称为时间前缀_create_admin_user_table.php 的文件。

（2）在迁移文件的 up( )方法中添加表结构信息，具体代码如下：

```
1 public function up()
2 {
3     Schema::create('admin_user', function (Blueprint $table) {
4         $table->increments('id')->comment('主键');
5         $table->string('username', 32)->comment('用户名')->unique();
6         $table->string('password', 32)->comment('密码');
7         $table->char('salt', 32)->comment('密码salt');
8         $table->timestamps();
```

```
9       });
10 }
```

在上述代码中，用户表的表名为 admin_user，"admin_"是数据表前缀。表中共有 6 个字段，分别是 id（主键）、用户名、密码和密码 salt，以及第 8 行代码创建的 created_at 和 updated_at 字段。

（3）迁移文件创建完成后，使用如下命令来执行迁移。

```
php artisan migrate
```

上述命令会执行迁移文件中的 up()方法，来完成数据表的创建。

（4）创建填充文件，具体命令如下：

```
php artisan make:seeder AdminUserTableSeeder
```

执行上述命令后，就会在 database\seeds 目录下生成对应的迁移文件，文件名为 AdminUserTableSeeder.php。

（5）打开 AdminUserTableSeeder.php 文件，在 run()方法中编写填充代码，具体代码如下：

```
1  public function run()
2  {
3      $salt = md5(uniqid(microtime(), true));
4      $password = md5(md5('123456') . $salt);
5      DB::table('admin_user')->insert([
6          [
7              'id' => 1,
8              'username' => 'admin',
9              'password' => $password,
10             'salt' => $salt
11         ],
12     ]);
13 }
```

（6）通过在命令行执行如下命令填充文件。

```
php artisan db:seed --class=AdminUserTableSeeder
```

上述命令执行后，会向表中插入一条记录，用户名为 admin，密码是 123456。

（7）数据表创建成功后，需要创建模型，具体命令如下：

```
php artisan make:model Admin
```

（8）打开 app\Admin.php，在模型中指定要操作的表名，具体代码如下：

```
1  <?php
2
3  namespace App;
4
5  use Illuminate\Database\Eloquent\Model;
6
7  class Admin extends Model
8  {
9      protected $table = 'admin_user';
10     public $fillable = ['username', 'password'];
11 }
```

在上述代码中，第 9、10 行代码为新增代码，用于指定要操作的表名和允许被修改的字段。

7.3.2　显示登录页面

（1）创建 User 控制器，具体命令如下：

```
php artisan make:controller Admin\UserController
```

执行完上述命令后，会在 app\Http\Controllers\Admin 目录下创建 UserController.php，命名空间为 App\Http\Controllers\Admin。

（2）打开 UserController.php，创建 login( )方法，具体代码如下：

```
1  public function login()
2  {
3      return view('admin\login');
4  }
```

（3）在 routes\web.php 文件中添加路由规则，具体代码如下：

```
Route::get('/admin/login', 'Admin\UserController@login');
```

（4）在 resources\views 目录下创建 admin 目录，该目录用于存放后台相关的模板文件。在 admin 目录中创建 login.blade.php 文件，具体代码如下：

```
1  <!DOCTYPE html>
2  <html>
3  <head>
4    <meta charset="utf-8">
5    <meta name="viewport" content="width=device-width, initial-scale=1.0">
6    <!-- 引入静态文件 -->
7    <title>登录</title>
8  </head>
9  <body class="login">
10 <div class="container">
11   <!-- 登录表单 -->
12 </div>
13 </body>
14 </html>
```

（5）在第 6 行引入静态文件，具体代码如下：

```
1  <link rel="stylesheet" href="{{asset('admin')}}/common/twitter-bootstrap/4.4.1/css/
bootstrap.min.css">
2  <link rel="stylesheet" href="{{asset('admin')}}/common/font-awesome-4.2.0/css/font-
awesome.min.css">
3  <link rel="stylesheet" href="{{asset('admin')}}/common/toastr.js/2.1.4/toastr.min.css">
4  <link rel="stylesheet" href="{{asset('admin')}}/css/main.css">
5  <script src="{{asset('admin')}}/common/jquery/1.12.4/jquery.min.js"></script>
6  <script src="{{asset('admin')}}/common/twitter-bootstrap/4.4.1/js/bootstrap.min.js"></script>
7  <script src="{{asset('admin')}}/common/toastr.js/2.1.4/toastr.min.js"></script>
8  <script src="{{asset('admin')}}/js/main.js"></script>
```

从上述代码可以看出，页面引入了 Bootstrap、jQuery 和 toastr。Bootstrap 用于开发响应式页面，

jQuery 用于简化 JavaScript 代码，toastr 用于在页面中显示提示信息。第 4 行代码中的 main.css 是项目自身的 CSS 样式文件，在引入时应把它放在其他引入样式的后面，从而避免样式被覆盖。第 8 行的 main.js 是项目自身的 JavaScript 代码文件，在引入时应注意把它放在其他 JavaScript 文件的后面，从而确保它依赖的库都已经全部被加载。在引入的文件路径中 "{{asset('admin')}}" 表示加载 public 目录下 admin 目录的静态资源。

将项目中 public\admin\js 目录下的 main.js 文件中的内容清空，该文件的内容会在后面重新编写。

（6）在步骤（4）中的第 11 行代码处定义登录表单，具体代码如下：

```
1  <form action="" method="post" class="j-login">
2    <h1>后台管理系统</h1>
3    <div class="form-group">
4      <input type="text" name="username" class="form-control"
5      placeholder="用户名" required>
6    </div>
7    <div class="form-group">
8      <input type="password" name="password" class="form-control"
9      placeholder="密码" required>
10   </div>
11   <div class="form-group">
12     <input type="text" name="captcha" class="form-control"
13     placeholder="验证码" required>
14   </div>
15   <!-- 验证码 -->
16   <div class="form-group">
17     {{csrf_field()}}
18     <input type="submit" class="btn btn-lg btn-block btn-success"
19     value="登录">
20   </div>
21 </form>
```

在上述表单中，登录表单中包含用户名、密码和验证码的输入框，为了防止用户恶意登录，在登录时添加验证码的功能。

（7）使用 Composer 载入 mews/captcha 验证码库，具体命令如下：

```
composer require mews/captcha=3.0
```

（8）创建验证码的配置文件，具体命令如下：

```
php artisan vendor:publish
```

执行完上述命令后，在命令行中输入序号 "9" 并按 "Enter" 键，就会自动生成 config\captcha.php 文件。

（9）编辑 config\captcha.php 文件，将字符个数改为 4，具体代码如下：

```
1  'default' => [
2      'length' => 4,        // 字符个数
3      'width' => 120,       // 图片宽度
4      'height' => 36,       // 图片高度
```

```
5      'quality' => 90,        // 图片质量
6      'math' => false,        // 数学计算
7  ],
```

（10）在 config\app.php 中将验证码服务注册到服务容器中，具体代码如下：

```
1  'providers' => [
2      ……（原有代码）
3      /*
4       * Package Service Providers
5       */
6      Mews\Captcha\CaptchaServiceProvider::class,
7      ……（原有代码）
8  ]
```

（11）在 config\app.php 文件中给验证码服务注册别名，具体代码如下：

```
1  'aliases' => [
2      ……（原有代码）
3      'Captcha' => Mews\Captcha\Facades\Captcha::class,
4  ]
```

（12）在登录表单中添加验证码，具体代码如下：

```
1  <div class="form-group">
2    <div class="login-captcha"><img src="{{ captcha_src() }}"
3    alt="captcha"></div>
4  </div>
```

通过浏览器访问，其页面效果如图 7-6 所示。

图 7-6　后台用户登录页面效果

（13）实现单击验证码图片后更换验证码的功能，在模板中编写 JavaScript 代码，具体代码如下：

```
1  <script>
2    $('.login-captcha img').click(function() {
```

```
3       $(this).attr('src', '{{ captcha_src()}}' + '?_=' + Math.random());
4     });
5   </script>
```

上述代码使用 jQuery 为验证码图片绑定单击事件，单击后重新请求验证码地址，从而更换验证码。为了防止因浏览器缓存造成图片不更新问题的发生，在图片地址的后面拼接了一个使用 Math.random( )生成的随机数。

通过浏览器访问，观察验证码是否可以正确显示，并单击验证码图片查看是否可以更换验证码。

7.3.3 Ajax 交互

当用户填写完登录表单后，提交表单会发生页面跳转，如果用户登录失败时，原来填写的表单数据已经消失，用户需要重新填写表单，这种页面跳转的方式对于用户来说很不友好。

为了优化用户体验，采用通过 Ajax 的方式提交表单，使页面不发生跳转。为了使其他页面都可以使用 Ajax，对 Ajax 请求的代码进行封装，主要思路如下。

（1）将 Ajax 操作的代码封装到一个对象中，该对象可以随意命名，这里命名为 main。

（2）通过 main.ajax( )方法发送 Ajax 请求，该方法有 3 个参数，第 1 个参数可以是对象或字符串，如果是对象，则用于传递给$.ajax( )，如果是字符串，则表示请求地址；第 2 个参数表示当服务器返回成功结果时执行的回调函数；第 3 个参数表示当服务器返回失败结果时执行的回调函数。

（3）当开始发送 Ajax 请求时，在页面中显示加载提示，并在收到服务器响应后，隐藏加载提示。

（4）当 Ajax 请求失败，或服务器响应错误信息时，通过 toastr 对象将错误信息显示在页面中。

在分析了要完成的主要功能后，下面开始进行代码编写，具体步骤如下。

（1）打开 public\admin\js\main.js 文件，添加如下代码。

```
1   (function (window, $, toastr) {
2     window.main = {
3       token: '',                        // 保存令牌
4       toastr: toastr,
5       init: function (opt) {
6         $.extend(this, opt);            // 将传入的 opt 对象合并到自身对象中
7         toastr.options.positionClass = 'toast-top-center';
8         return this;
9       },
10      ajax: function (opt, success, error) {
11        opt = (typeof opt === 'string') ? {url: opt} : opt;
12        var that = this;
13        var options = {
14          success: function (data, status, xhr) {
15            that.hideLoading();
16            if (!data) {
17              toastr.error('请求失败，请重试。');
```

```
18          } else if (data.code === 0) {
19            toastr.error(data.msg);
20            error && error(data);
21          } else {
22            success && success(data);
23          }
24          opt.success && opt.success(data, status, xhr);
25        },
26        error: function (xhr, status, err) {
27          that.hideLoading();
28          toastr.error('请求失败，请重试。');
29          opt.error && opt.error(xhr, status, err);
30        }
31      };
32      that.showLoading();
33      $.ajax($.extend({}, opt, options));
34    },
35    showLoading: function() {
36      $('.main-loading').show();
37    },
38    hideLoading: function() {
39      $('.main-loading').hide();
40    },
41  };
42 })(this, jQuery, toastr);
```

在上述代码中，第 5 行代码中的 init( ) 方法用于执行初始化操作；第 7 行代码用于将 toastr 提示框在页面中显示的位置设定为顶部居中；第 10 行代码中的 ajax( ) 方法用于发送 Ajax 请求；第 11 行代码用于判断参数 opt 是否为字符串，如果不是字符串则将其视为对象，并在第 33 行代码将其与 options 对象合并后传给 $.ajax( ) 方法，如果是字符串则将其修改为只有一个 url 属性的对象，也就是将字符串作为 $.ajax( ) 的请求地址。第 13～31 行代码的 options 对象中包含 success( ) 和 error( ) 方法，它们用于在 opt 对象的 success( ) 和 error( ) 方法执行前完成一些操作。第 33 行代码将 opt 对象和 options 对象合并成一个新的对象传递给 $.ajax( )，为了避免 opt 对象的 success( ) 方法和 error( ) 方法被替代而无法执行，需要在第 24 行和第 29 行代码判断 opt 中是否存在这两个方法，如果存在则调用。第 35 行代码的 showLoading( ) 方法用于显示加载提示，第 38 行代码的 hideLoading( ) 方法用于隐藏加载提示，这两个方法将分别在 Ajax 请求前后执行。

第 16～23 行代码用于判断服务器的返回结果，如果没有返回任何内容，则提示"请求失败，请重试"，如果返回的 data.code 值为 0，则显示 data.msg 错误信息，并执行 error( ) 函数，如果返回的 code 不为 0，则执行 success( ) 函数。

前面编写的 ajax( ) 方法主要用于发送 GET 请求，而 POST 请求在处理方式上与 GET 请求有一些区别，POST 请求需要在服务器返回执行成功的信息时，将信息显示在页面中。下面将编写一个 main.ajaxPost( ) 方法，专门用于发送 POST 请求。

（2）在 main 对象中编写 ajaxPost( )方法，具体代码如下：

```
1  ajaxPost: function(opt, success, error) {
2    opt = (typeof opt === 'string') ? {url: opt} : opt;
3    var that = this;
4    var callback = opt.success;
5    opt.type = 'POST';
6    opt.success = function(data, status, xhr) {
7      if (data && data.code === 1) {
8        toastr.success(data.msg);
9      }
10     callback && callback(data, status, xhr);
11   };
12   that.ajax(opt, success, error);
13 },
```

在上述代码中，第 7～9 行代码用于在服务器返回执行成功的结果时，将信息显示在页面中。第 4 行代码保存了 opt 对象中原有的 success( )方法，用于在第 10 行代码中调用。

当提交表单时，页面会发生跳转，为了阻止表单的自动跳转，需要在表单的 submit( )事件中编写代码，通过事件对象 e 的 preventDefault( )方法阻止默认行为，然后调用 ajaxPost( )方法发送请求。

（3）在 main.js 中编写 ajaxForm( )方法，用于将表单改为 Ajax 提交方式，具体代码如下：

```
1  ajaxForm: function (selector, success, error) {
2    var form = $(selector);
3    var that = this;
4    form.submit(function (e) {
5      e.preventDefault();
6      that.ajaxPost({
7        url: form.attr('action'),
8        data: new FormData(form.get(0)),
9        contentType: false,
10       processData: false
11     }, success, error);
12   });
13 },
```

在上述代码中，第 1 行代码的参数 selector 表示表单的选择器，第 2 个参数表示成功时执行的回调函数，第 3 个参数表示失败时执行的回调函数。第 5 行代码用于阻止表单的默认提交行为，第 6 行代码用于发送 Ajax 的 POST 请求，第 7 行代码用于使用表单的 action 属性作为请求地址，第 8 行代码用于获取表单中的数据，由于数据为 FormData 对象，需要在第 9 行代码和第 10 行代码关闭$.ajax( )的自动发送 Content-Type 和自动处理数据的功能。

7.3.4 验证用户登录

通过设置<form>标签的 action 属性设置表单的提交地址，给登录表单的 action 属性添加属性值，指定表单的提交地址为"{{ url('admin/check') }}"，表示 UserController 的 check( )方法。

（1）在 routes\web.php 文件中添加路由规则，具体命令如下：

```
Route::post('/admin/check', 'Admin\UserController@check');
```

（2）在 UserController.php 中创建 check( )方法，具体代码如下：

```
1  public function check(Request $request)
2  {
3      $rule = [
4          'username' => 'required',
5          'password' => 'required|min:6',
6          'captcha' => 'required|captcha'
7      ];
8      $message = [
9          'username.required' => '用户名不能为空',
10         'password.required' => '密码不能为空',
11         'password.min'      => '密码最少为6位',
12         'captcha.required' => '验证码不能为空',
13         'captcha.captcha' => '验证码有误'
14     ];
15     $validator = Validator::make($request->all(), $rule, $message);
16     if ($validator->fails()) {
17         foreach ($validator->getMessageBag()->toArray() as $v) {
18             $msg = $v[0];
19         }
20         return response()->json(['code' => 0, 'msg' => $msg]);
21     }
22     $username = $request->post('username');
23     $password = $request->post('password');
24     $theUser = Admin::where('username', $username)->first();
25     if ($theUser->password == md5(md5($password) . $theUser->salt)) {
26         Session::put('user', ['id' => $theUser->id, 'name' => $username]);
27         return response()->json(['code' => 1, 'msg' => '登录成功']);
28     } else {
29         return response()->json(['code' => 0, 'msg' => '登录失败']);
30     }
31 }
```

在上述代码中，第 3~7 行代码声明自动验证的规则；第 8~14 行代码用于声明验证规则对应的提示信息；第 15 行代码进行自动验证；第 16~21 行代码用于将验证的信息返回给浏览器；第 25 行代码对用户输入的密码与数据库中的密码进行对比，如果用户名和密码正确，则登录成功，将用户信息保存到 Session 中，跳转至后台首页，如果登录失败，则显示"登录失败"的提示信息。

（3）在上述代码中使用的一些类需要导入命名空间，具体代码如下：

```
1  use App\Admin;
2  use Illuminate\Support\Facades\Session;
3  use Illuminate\Support\Facades\Validator;
```

（4）在 login.blade.php 的<script>标签中添加代码，具体代码如下：

```
1  main.ajaxForm('.j-login', function() {
2    location.href = '/admin/index';
3  });
```

上述代码用于设置登录成功后跳转到首页。

通过浏览器访问，输入小于 6 位的密码，页面会出现"密码最少为 6 位"的错误提示，如图 7-7 所示；如果提交正确的用户名（admin）和密码（123456），页面中会出现"登录成功"的提示，如图 7-8 所示。

图 7-7　密码错误提示信息

图 7-8　登录成功提示信息

7.3.5　用户退出

实现用户退出功能非常简单，删除 Session 中保存的登录信息即可。下面进行代码讲解。

（1）在 User 控制器中添加 logout()方法，具体代码如下：

```
1  public function logout()
2  {
3      if (request()->session()->has('user')) {
4          request()->session()->pull('user', session('user'));
5      }
6      return redirect('/admin/login');
7  }
```

在上述代码中，第 3～5 行代码用于删除 Session 中的用户信息，用户退出登录后跳转至登录页。

（2）在 routes\web.php 文件中添加路由规则，具体代码如下：

```
Route::get('/admin/logout', 'Admin\UserController@logout');
```

（3）通过浏览器访问，在确保用户已经登录以后，访问 http://cms.test/admin/logout，浏览器会自动跳转到登录页面，说明当前用户已经成功退出。

7.4　后台首页

在用户登录成功后，就会进入到后台首页。网站的后台首页一般会显示一些欢迎信息、系统信息、统计数据等。本项目的后台首页主要用于显示系统信息，下面通过代码来实现上述功能。

7.4.1　后台页面布局

在后台管理系统的页面中，一般都会包含顶部、菜单和内容区域这 3 个部分，可将后台页面的顶部和左侧菜单提取出来，作为公共文件供其他模板调用，在 resources\views\admin 下创建 layouts 目录，此目录将作为公共文件的存放目录。

（1）在 layouts 目录下创建 admin.blade.php 文件，具体代码如下：

```
1  <!DOCTYPE html>
2  <html>
3  <head>
4    <meta charset="utf-8">
5    <meta name="viewport" content="width=device-width, initial-scale=1.0">
6    <!-- 引入静态文件 -->
7    <title>@yield('title')</title>
8  </head>
9  <body>
10 <nav class="navbar navbar-expand-md navbar-light bg-light main-navbar">
11   <a class="navbar-brand" href="#">后台管理系统</a>
12   <div class="collapse navbar-collapse" id="navbarSupportedContent">
13     <!-- 左侧导航栏 -->
14     <ul class="nav ml-auto main-nav-right">
15       <li>
16         <a href="#" class="j-layout-pwd">
17           <i class="fa fa-user fa-fw"></i>{{ session()->get('user.name') }}
18         </a>
19       </li>
20       <li>
21         <a href="{{ url('admin/logout') }}">
22           <i class="fa fa-power-off fa-fw"></i>退出
23         </a>
24       </li>
25     </ul>
26   </div>
27 </nav>
28 <div class="main-container">
29   <div class="main-content">
30     <div>@yield('main')</div>
31   </div>
32 </div>
```

```
33 </body>
34 </html>
```

在上述代码中，第 17 行代码用于显示登录用户的名称；第 21～23 行代码用于设置退出登录的按钮。

（2）在页面中引入静态资源，具体代码如下：

```
1  <link rel="stylesheet" href="{{asset('admin')}}/common/twitter-bootstrap/4.4.1/css/
bootstrap.min.css">
2  <link rel="stylesheet" href="{{asset('admin')}}/common/font-awesome-4.2.0/css/font-
awesome.min.css">
3  <link rel="stylesheet" href="{{asset('admin')}}/common/toastr.js/2.1.4/toastr.min.css">
4  <link rel="stylesheet" href="{{asset('admin')}}/css/main.css">
5  <script src="{{asset('admin')}}/common/jquery/1.12.4/jquery.min.js"></script>
6  <script src="{{asset('admin')}}/common/twitter-bootstrap/4.4.1/js/bootstrap.min.js"></script>
7  <script src="{{asset('admin')}}/common/toastr.js/2.1.4/toastr.min.js"></script>
8  <script src="{{asset('admin')}}/js/main.js"></script>
```

（3）在页面中定义左侧导航栏，具体代码如下：

```
1  <div class="main-sidebar">
2    <ul class="nav flex-column main-menu">
3      <!-- 首页 -->
4      <!-- 栏目 -->
5      <!-- 内容 -->
6      <!-- 广告 -->
7    </ul>
8  </div>
```

（4）添加首页菜单，具体代码如下：

```
1  <li class="">
2    <a href="{{ url('admin/index') }}" class="active">
3      <i class="fa fa-home fa-fw"></i>首页
4    </a>
5  </li>
```

在上述代码中，第 2 行代码中的 class 值为 active 表示该项为选中状态，即当前页面为首页；第 3 行代码的<i>标签是菜单图标。

（5）添加栏目菜单，具体代码如下：

```
1  <li class="main-sidebar-collapse">
2    <a href="#" class="main-sidebar-collapse-btn">
3      <i class="fa fa-list-alt fa-fw"></i>栏目
4      <span class="fa main-sidebar-arrow"></span>
5    </a>
6    <ul class="nav">
7      <li>
8        <a href="#" data-name="addcategory">
9        <i class="fa fa-list fa-fw"></i>添加</a>
10     </li>
11     <li>
12       <a href="#" data-name="category">
13       <i class="fa fa-table fa-fw"></i>列表</a>
```

```
14    </li>
15   </ul>
16 </li>
```

在上述代码中，第 1 行代码中的 class 值为 main-sidebar-collapse 表示这是一个被收起来的双层项；第 2 行代码中的 class 值为 main-sidebar-collapse-btn 表示这个链接用于展开或收起子菜单；第 4 行代码的 span 元素是双层项的右侧小箭头，"<"表示收起，当展开时，利用 CSS 将该字符逆时针旋转 90°，使箭头朝下；第 7～14 行代码用于设置子菜单，当"栏目"菜单被展开后，就会出现"添加"和"列表"两项。

（6）添加内容菜单，具体代码如下：

```
1  <li class="main-sidebar-collapse">
2   <a href="#" class="main-sidebar-collapse-btn">
3    <i class="fa fa-list-alt fa-fw"></i>内容
4    <span class="fa main-sidebar-arrow"></span>
5   </a>
6   <ul class="nav">
7    <li>
8     <a href="#" data-name="addcontent">
9     <i class="fa fa-list fa-fw"></i>添加</a>
10    </li>
11    <li>
12     <a href="#" data-name="content">
13     <i class="fa fa-table fa-fw"></i>列表</a>
14    </li>
15   </ul>
16  </li>
```

（7）添加广告菜单，具体代码如下：

```
1  <li class="main-sidebar-collapse">
2   <a href="#" class="main-sidebar-collapse-btn">
3    <i class="fa fa-cog fa-fw"></i>广告
4    <span class="fa main-sidebar-arrow"></span>
5   </a>
6   <ul class="nav">
7    <li>
8     <a href="#" data-name="adv">
9     <i class="fa fa-list fa-fw"></i>广告位</a>
10    </li>
11    <li>
12     <a href="#" data-name="advcontent">
13     <i class="fa fa-list-alt fa-fw"></i>广告内容</a>
14    </li>
15   </ul>
16  </li>
```

（8）添加消息提示模板，具体代码如下：

```
1  @if(!empty(session('message')))
2   <div class="alert alert-success" role="alert"
3   style="text-align:center;margin:0 auto;width: 400px">
```

```
4    {{session('message')}}
5    </div>
6  @endif
7  @if(!empty(session('tip')))
8    <div class="alert alert-warning" role="alert"
9    style="text-align:center;margin:0 auto;width: 400px">
10     {{session('tip')}}
11   </div>
12 @endif
```

在上述代码中，第1~6行代码为操作成功时的提示模板；第7~12行代码为操作失败时的提示模板。

（9）在<body>标签结束前的位置添加<script>标签，控制消息模板的显示时间，具体代码如下：

```
1  <script>
2    setInterval(function() {
3      $('.alert').remove();
4    }, 3000);
5  </script>
```

（10）修改 public\admin\js\main.js 文件，编写 layout( )方法，具体代码如下：

```
1  layout: function() {
2    $('.main-sidebar-collapse-btn').click(function() {
3      $(this).parent().find('.nav').slideToggle(200);
4      $(this).parent().toggleClass('main-sidebar-collapse').siblings().
5       addClass('main-sidebar-collapse').find('.nav').slideUp(200);
6      return false;
7    });
8  },
```

在上述代码中，第3行代码用于实现双层项的展开和收起；第4行和第5行代码用于切换菜单的显示效果，并将除自身以外的其他双层项收起。

（11）在 main.js 中增加 menuActive( )方法，用于将指定菜单项设为选中效果，具体代码如下：

```
1  menuActive: function(name) {
2    var menu = $('.main-menu');
3    menu.find('a').removeClass('active');
4    menu.find('a[data-name=\'' + name + '\']').addClass('active');
5    menu.find('a[data-name=\'' + name + '\']').parent().parent().show();
6  }
```

（12）在<script>标签中调用 layout( )方法，具体代码如下：

```
main.layout();
```

7.4.2 显示后台首页

（1）公共文件创建完成后，接下来创建后台首页 admin\index.blade.php，具体代码如下：

```
1  @extends('admin/layouts/admin')
2  @section('title', '后台首页')
3  @section('main')
4  <div>
```

```
5   <div class="main-title">
6     <h2>首页</h2>
7   </div>
8   <div class="main-section">
9     <div class="card">
10      <div class="card-header">服务器信息</div>
11      <ul class="list-group list-group-flush">
12        <li class="list-group-item">系统环境：{{ $server_version }}</li>
13        <li class="list-group-item">Laravel 版本：{{ $laravel_version }}</li>
14        <li class="list-group-item">MySQL 版本：{{ $mysql_version }}</li>
15        <li class="list-group-item">服务器时间：{{ $server_time }}</li>
16        <li class="list-group-item">文件上传限制：
17        {{ $upload_max_filesize }}</li>
18        <li class="list-group-item">脚本执行时限：
19        {{ $max_execution_time }}</li>
20      </ul>
21    </div>
22  </div>
23 </div>
24 @endsection
```

在上述代码中，第 1 行代码引入后台布局文件 admin.blade.php；第 2 行代码声明页面的标题；第 3～24 行代码声明内容区域。

（2）创建 Index 控制器，具体命令如下：

```
php artisan make:controller Admin\IndexController
```

（3）在 Index 控制器中添加 index( )方法，具体代码如下：

```
1  public function index(Request $request)
2  {
3      $data = [
4          'server_version' => $request->server('SERVER_SOFTWARE'),
5          'laravel_version' => app()::VERSION,
6          'mysql_version' => $this->getMySQLVer(),
7          'server_time' => date('Y-m-d H:i:s', time()),
8          'upload_max_filesize' => ini_get('file_uploads') ?
9              ini_get('upload_max_filesize') : '已禁用',
10         'max_execution_time' => ini_get('max_execution_time') . '秒'
11     ];
12     return view('admin\index', $data);
13 }
```

（4）在上述代码中，第 6 行代码调用 getMySQLVer( )方法获取 MySQL 的版本，创建 getMySQLVer( )方法，具体代码如下：

```
1  private function getMySQLVer()
2  {
3      $res = DB::select('SELECT VERSION() AS ver');
4      return $res[0]->ver ?? '未知';
5  }
```

（5）在 getMySQLVer( )方法中，使用 DB 类执行 SQL，获取 MySQL 的版本，导入 DB 类的命

名空间，具体代码如下：

```
use DB;
```

（6）在 routes\web.php 文件中添加路由规则，具体代码如下：

```
Route::get('/admin/index', 'Admin\IndexController@index');
```

通过浏览器访问后台首页，其效果如图 7-9 所示。

图 7-9　后台首页效果

7.4.3　判断登录状态

在用户登录成功以后，需要通过 Session 来记住登录状态，并在下次请求中判断用户有没有登录。由于后台是给内部人员使用的，除了登录功能外，其他功能都必须在用户登录后才能使用。为了便于判断用户的登录状态，利用中间件来实现。

在明确了需求后，下面开始编写代码，完成判断登录状态的逻辑功能。

（1）创建 Admin 中间件，用于验证用户是否登录，具体命令如下：

```
php artisan make:middleware Admin
```

（2）打开 app\Http\Middleware\Admin.php，添加验证用户登录的代码，具体代码如下：

```
1  public function handle($request, Closure $next)
2  {
3     if (request()->session()->has('user')) {
4        $user = request()->session()->get('user');
5        view()->share('user', $user);
6     } else {
7        return redirect('/admin/login');
8     }
9     return $next($request);
10 }
```

在上述代码中，第 3～8 行代码为新增代码，在执行某个操作前，会先验证用户是否登录。第 5 行代码中的 share()方法用来在所有视图中共享$user 数据。

（3）在 app\Http\Kernel.php 文件中注册路由中间件，具体代码如下：

```
1 protected $routeMiddleware = [
2     (……原有代码)
3     'Admin' => \App\Http\Middleware\Admin::class,
4 ];
```

（4）修改首页的路由规则，为后台首页添加用户验证，具体代码如下：

```
1 Route::get('/admin/index', 'Admin\IndexController@index')
2 ->middleware('Admin');
```

（5）通过浏览器直接访问后台首页时，如果处于未登录状态，就会自动跳转至登录页面。

7.5　栏目管理

在内容管理系统中，栏目用于对内容进行分类，如生活类、咨询类、编程类。对内容进行分类，可以使用户更高效地找到需要的信息。本节将会讲解如何完成栏目管理功能的开发，实现栏目的查询、添加、修改和删除功能。

7.5.1　创建栏目表

栏目表同样也是通过命令行来创建的，由于在前面章节中演示了创建用户表的过程，读者可根据上述步骤来创建迁移文件和填充文件，这里不再赘述。下面只提供栏目表的表结构信息。

（1）打开栏目表的迁移文件，在该文件的 up()方法中添加表结构信息，具体代码如下：

```
1 public function up()
2 {
3     Schema::create('category', function (Blueprint $table) {
4         $table->increments('id')->comment('主键');
5         $table->integer('pid')->comment('父栏目 id')->default('0');
6         $table->string('name', 32)->comment('栏目名称');
7         $table->integer('sort')->comment('排序值')->default('0');
8         $table->timestamps();
9     });
10 }
```

栏目表的字段有 id、pid（父类 id）、name（栏目名称）和 sort（排序值）。sort 字段的作用是设置栏目的排序值，sort 值较低的栏目会排在前面，sort 值较高的栏目排在后面。

（2）栏目表创建完成后，为了在项目中操作栏目表，下面创建栏目表对应的模型文件，具体命令如下：

```
php artisan make:model Category
```

（3）打开 app\Category.php 文件，具体代码如下：

```
1 <?php
2
3 namespace App;
4
5 use Illuminate\Database\Eloquent\Model;
```

```
6
7 class Category extends Model
8 {
9     protected $table = 'category';
10    public $fillable = ['pid', 'name', 'sort'];
11 }
```

在上述代码中，第9行和第10行代码为新增代码，第9行代码用于设置表名，第10行代码用于设置允许修改的字段。

7.5.2 添加栏目

栏目分为两级，即父栏目和子栏目。父栏目下包含多个子栏目，子栏目不能选择其他子栏目作为自己的父栏目。

（1）创建 Category 控制器，具体命令如下：

```
php artisan make:controller Admin\CategoryController
```

（2）在控制器中添加 add()方法，用于实现添加栏目的功能，具体代码如下：

```php
1 <?php
2
3 namespace App\Http\Controllers\Admin;
4
5 use App\Content;
6 use Illuminate\Http\Request;
7 use App\Category;
8
9 class CategoryController extends Controller
10 {
11     public function add()
12     {
13         $category = Category::where('pid', 0)->get();
14         return view('admin.category.add', ['category' => $category] );
15     }
16 }
```

在上述代码中，第7行代码用于引入栏目的模型；第13行代码用于获取顶级父栏目；第14行代码用于显示添加栏目的视图，并将获取的分类信息发送到页面。

（3）创建 admin\category\add.blade.php 视图文件，具体代码如下：

```php
1 @extends('admin/layouts/admin')
2 @section('title', ' 添加栏目')
3 @section('main')
4 <div class="main-title"><h2>添加栏目</h2></div>
5 <div class="main-section">
6   <div style="width:543px">
7     <!-- 添加栏目表单 -->
8   </div>
9 </div>
10 <script>
11   main.menuActive('addcategory');
```

```
12 </script>
13 @endsection
```

（4）在上一步代码中的第 7 行的位置添加表单，具体代码如下：

```
1  <form method="post" action="{{ url('/category/save') }}">
2   <div class="form-group row">
3    <label class="col-sm-2 col-form-label">序号</label>
4    <div class="col-sm-10">
5     <input type="number" name="sort" class="form-control" value="0"
6     style="width:80px;">
7    </div>
8   </div>
9   <div class="form-group row">
10   <label class="col-sm-2 col-form-label">上级栏目</label>
11   <div class="col-sm-10">
12    <select name="pid" class="form-control" style="width:200px;">
13     <option value="0">---</option>
14     @foreach ($category as $v)
15      <option value="{{ $v->id }}"> {{ $v->name }}</option>
16     @endforeach
17    </select>
18   </div>
19  </div>
20  <div class="form-group row">
21   <label class="col-sm-2 col-form-label">名称</label>
22   <div class="col-sm-10">
23    <input type="text" name="name" class="form-control"
24    style="width:200px;">
25   </div>
26  </div>
27  <div class="form-group row">
28   <div class="col-sm-10">
29    {{csrf_field()}}
30    <button type="submit" class="btn btn-primary mr-2">提交表单</button>
31    <a href="{{url('category')}}" class="btn btn-secondary">返回列表</a>
32   </div>
33  </div>
34 </form>
```

上述代码创建了添加栏目的表单，第 2～8 行代码用于填写排序值；第 9～19 行代码用于选择栏目的上级栏目，其中，第 14～16 行代码用于显示栏目名称；第 20～26 行代码用于填写栏目名称；第 29 行代码用于设置 CSRF 的 token 值，随表单一起提交；第 30 行代码用于设置 "提交表单" 按钮；第 31 行代码用于设置 "返回列表" 按钮。

（5）在 routes\web.php 文件中添加路由规则，具体代码如下：

```
1 Route::prefix('category')->namespace('Admin')->middleware(['Admin'])
2 ->group(function () {
3    Route::get('add', 'CategoryController@add');
4 });
```

在上述代码中，定义了路由组，关于栏目的所有路由规则都在此路由组中添加即可。

（6）修改布局文件 admin.blade.php，为添加栏目的导航添加链接，具体代码如下：

```
1  <a href="{{ url('category/add') }}" data-name="addcategory">
2   <i class="fa fa-list fa-fw"></i>添加
3  </a>
```

通过浏览器访问，添加栏目的页面效果如图 7-10 所示。

图 7-10　添加栏目的页面效果

（7）在 Category 控制器中编写 save()方法，用于接收添加栏目的表单数据，具体代码如下：

```
1  public function save(Request $request)
2  {
3     $data = $request->all();
4     $this->validate($request, [
5        'name' => 'required|unique:category',
6     ], [
7        'name.require' => '栏目名称不能为空',
8        'name.unique' => '栏目名称不能重复'
9     ]);
10    $re = Category::create($data);
11    if ($re) {
12       return redirect('category')->with('message', '添加成功');
13    } else {
14       return redirect('category/add')->with('tip', '添加失败');
15    }
16 }
```

在上述代码中，第 3 行代码用于获取表单数据；第 4~9 行代码用于对数据进行验证，其中，验证规则 "unique:category" 用于验证栏目名称是否重复，"unique" 后面指定的是数据表名称，表示在该表中进行检查，数据表中的字段名需要与验证规则对应的键名 "name" 保持一致；第 10 行代码用于保存栏目数据；第 11~15 行代码用于根据保存结果跳转到不同页面。

（8）在 routes\web.php 文件中栏目的路由组中添加路由规则，具体代码如下：

```
Route::post('save', 'CategoryController@save');
```

（9）通过浏览器访问，添加栏目后，查看数据表中是否有新增的栏目数据。

7.5.3　显示栏目列表

显示栏目列表功能，就是把栏目数据从数据表中查询出来，然后输出到视图中。栏目列表对应的文件为"admin\category\index"，下面开始创建对应的控制器和方法。

（1）在 Category 控制器中创建 index() 方法，具体代码如下：

```
1  public function index()
2  {
3      $category = (new Category)->getTreeList();
4      return view('admin.category.index', ['category' => $category]);
5  }
```

在 index() 方法中，第 3 行代码调用 getTreeList() 方法获取栏目数据，该方法在下一步中编写；第 4 行代码用于调用视图。

（2）在 Category 模型中添加 getTreeList() 方法、getTreeListCheckLeaf() 方法和 treeList() 方法，具体代码如下：

```
1  public function getTreeList()
2  {
3      $data = $this->orderBy('sort', 'asc')->get()->toArray();
4      return $this->getTreeListCheckLeaf($data);
5  }
6  public function getTreeListCheckLeaf($data, $name = 'isLeaf')
7  {
8      $data = $this->treeList($data);
9      foreach ($data as $k => $v) {
10         foreach ($data as $vv) {
11             $data[$k][$name] = true;
12             if ($v['id'] === $vv['pid']) {
13                 $data[$k][$name] = false;
14                 break;
15             }
16         }
17     }
18     return $data;
19 }
20 public function treeList($data, $pid = 0, $level = 0, &$tree = [])
21 {
22     foreach ($data as $v) {
23         if ($v['pid'] == $pid) {
24             $v['level'] = $level;
25             $tree[] = $v;
26             $this->treeList($data, $v['id'], $level + 1, $tree);
27         }
28     }
29     return $tree;
30 }
```

（3）创建视图文件 index.blade.php，具体代码如下：

```
1  @extends('admin/layouts/admin')
2  @section('title', '栏目列表')
```

```
3   @section('main')
4   <div class="main-title"><h2>栏目管理</h2></div>
5   <div class="main-section form-inline">
6    <a href="{{ url('category/add') }}" class="btn btn-success">+ 新增</a>
7   </div>
8   <div class="main-section">
9    <form method="post" action="" class="j-form">
10     <table class="table table-striped table-bordered table-hover">
11      <thead>
12       <tr>
13        <th width="75">序号</th><th>名称</th><th width="100">操作</th>
14       </tr>
15      </thead>
16      <tbody>
17       <!-- 栏目列表 -->
18       @if(empty($category))
19        <tr><td colspan="3" class="text-center">还没有添加栏目</td></tr>
20       @endif
21      </tbody>
22     </table>
23     {{csrf_field()}}
24     <input type="submit" value="改变排序" class="btn btn-primary">
25    </form>
26   </div>
27   @endsection
```

在上述代码中，第6行代码用于设置添加栏目的按钮，单击该按钮，直接跳转到栏目添加页面；第24行代码用于设置可以改变栏目顺序的按钮。

（4）添加栏目列表，具体代码如下：

```
1   @foreach($category as $v)
2    <tr class="j-pid-{{ $v['pid'] }}"
3    @if($v['level'])style="display:none"@endif>
4     <td><input type="text" class="form-control j-sort" maxlength="5"
5     value="{{$v['sort']}}" data-name="sort[{{$v['id']}}]"
6     style="height:25px;font-size:12px;padding:0 5px;"></td>
7     <td>
8      @if($v['level'])
9       <small class="text-muted">├──</small> {{$v['name']}}
10      @else
11       <a href="#" class="j-toggle" data-id="{{$v['id']}}">
12        @if(!$v['isLeaf'])
13         <i class="fa fa-plus-square-o fa-minus-square-o fa-fw"></i>
14        @endif
15        {{$v['name']}}
16       </a>
17      @endif
18     </td>
19     <td>
20      <a href="#" style="margin-right:5px;">编辑</a>
```

```
21      <a href="#" class="j-del text-danger">删除</a>
22    </td>
23  </tr>
24 @endforeach
```

上述代码中，第 9 行代码在子栏目前输出 "┠──" 的样式；第 12~14 行代码判断有无子栏目，如果没有子栏目，则隐藏折叠样式。

（5）在页面中添加 JavaScript 代码，实现单击栏目展开该栏目下的子栏目的功能，具体代码如下：

```
1 <script>
2   main.menuActive('category');
3   $('.j-toggle').click(function() {
4     var id = $(this).attr('data-id');
5     $(this).find('i').toggleClass('fa-plus-square-o');
6     $('.j-pid-' + id).toggle();
7     return false;
8   });
9 </script>
```

（6）在 routes\web.php 文件中栏目的路由组中添加栏目列表的路由规则，具体代码如下：

```
Route::get('', 'CategoryController@index');
```

（7）修改 admin.blade.php，为列表菜单项添加链接，具体代码如下：

```
1 <a href="{{ url('category') }}" data-name="category">
2   <i class="fa fa-table fa-fw"></i>列表
3 </a>
```

（8）通过浏览器访问，栏目列表的页面效果如图 7-11 所示。

图 7-11　栏目列表的页面效果

（9）在栏目列表页中，为了实现修改栏目的排序，需要设置栏目列表页中表单的提交地址，具体代码如下：

```
<form method="post" action="{{ url('category/sort') }}" class="j-form">
```

（10）在 routes\web.php 文件中栏目的路由组中添加排序的路由规则，具体代码如下：

```
Route::post('sort', 'CategoryController@sort');
```

（11）添加 JavaScript 代码，修改排序值后，为 input 输入框设置 name 属性，具体代码如下：

```
1  $('.j-sort').change(function() {
2    $(this).attr('name', $(this).attr('data-name'));
3  });
```

（12）在 Category 控制器中添加 sort()方法，具体代码如下：

```
1  public function sort(Request $request)
2  {
3    $sort = $request->input('sort');
4    foreach ($sort as $k => $v) {
5      Category::where('id', (int)$k)->update(['sort' => (int)$v]);
6    }
7    return redirect('category')->with('message', '改变排序成功');
8  }
```

（13）通过浏览器访问，观察栏目排序功能是否正确执行。

7.5.4　编辑栏目

在列表页单击每条栏目对应的"编辑"按钮，即可对此栏目进行编辑。

（1）下面在列表页中为"编辑"按钮添加链接，具体代码如下：

```
<a href="{{ url('category/edit', ['id' => $v['id']]) }}" style="margin-right:5px;">编辑</a>
```

（2）在 routes\web.php 文件中栏目的路由组中添加编辑栏目的路由规则，具体代码如下：

```
Route::get('edit/{id}', 'CategoryController@edit');
```

（3）在 Category 控制器中添加 edit()方法，具体代码如下：

```
1  public function edit($id)
2  {
3    $data = [];
4    if ($id) {
5      if (!$data = Category::find($id)) {
6        return back()->with('tip', '记录不存在。');
7      }
8    }
9    $category = Category::where('pid', 0)->get();
10   return view('admin.category.edit', ['id' => $id, 'data' => $data,
11   'category' => $category] );
12 }
```

在上述代码中，第 4~8 行代码用于验证编辑的栏目是否存在；第 9 行代码用于获取栏目信息；第 10 行和第 11 行代码用于调用视图并发送数据。

（4）创建视图文件 edit.blade.php，具体代码如下：

```
1  @extends('admin/layouts/admin')
2  @section('title', '栏目列表')
3  @section('main')
4  <div class="main-title"><h2>编辑栏目</h2></div>
5  <div class="main-section">
6    <div style="width:543px">
7      <!-- 编辑栏目表单 -->
```

```
8     </div>
9   </div>
10  <script>
11      main.menuActive('category');
12  </script>
13  @endsection
```

（5）添加编辑栏目的表单，具体代码如下：

```
1   <form method="post" action="{{ url('/category/save') }}">
2     <div class="form-group row">
3       <label class="col-sm-2 col-form-label">序号</label>
4       <div class="col-sm-10">
5         <input type="number" name="sort" class="form-control"
6         value="{{$data->sort}}" style="width:80px;">
7       </div>
8     </div>
9     <div class="form-group row">
10      <label class="col-sm-2 col-form-label">上级栏目</label>
11      <div class="col-sm-10">
12        <select name="pid" class="form-control" style="width:200px;">
13          <option value="0">---</option>
14          @foreach($category as $v)
15            <option value="{{ $v->id }}" @if($data['pid'] == $v['id']) selected @endif >
{{ $v->name }}</option>
16          @endforeach
17        </select>
18      </div>
19    </div>
20    <div class="form-group row">
21      <label class="col-sm-2 col-form-label">名称</label>
22      <div class="col-sm-10">
23        <input type="text" name="name" class="form-control"
24        style="width:200px;" value="{{$data->name}}">
25      </div>
26    </div>
27    <div class="form-group row">
28      <div class="col-sm-10">
29        {{csrf_field()}}
30        <input type="hidden" name="id" value="{{$id}}">
31        <button type="submit" class="btn btn-primary mr-2">提交表单</button>
32        <a href="{{url('category')}}" class="btn btn-secondary">返回列表</a>
33      </div>
34    </div>
35  </form>
```

编辑栏目时，接收编辑信息的方法是 save( )方法，编辑栏目页面和添加栏目类似，区别是在编辑栏目页面的表单中需要显示编辑栏目的具体信息。

（6）修改 save( )方法，根据栏目 id 更新栏目内容，具体代码如下：

```
1   public function save()
2   {
```

```
3        $data = $request->all();
4        $rule = isset($data['id']) ? ',name,'.$data['id'] : '';
5        $this->validate($request,[
6            'name'=>'required|unique:category'.$rule,
7        ],[
8            'name.required'=>'栏目名称不能为空',
9            'name.unique'=>'栏目名称不能重复'
10       ]);
11       if (isset($data['id'])) {
12           $id = $data['id'];
13           unset($data['id']);
14           unset($data['_token']);
15           $res = Category::where('id', $id)->update($data);
16           $type = $res ? 'message' : 'tip';
17           $message = $res ? '修改成功' : '修改失败';
18           return redirect('category')->with($type, $message);
19       }
20       $re = Category::create($data);    // 在此行代码前添加
21       ……（省略原有代码）
22 }
```

上述代码中，第 4 行和第 11～19 行代码为新增代码，第 4 行代码表示如果是编辑栏目，在验证栏目名称唯一性时排除当前编辑栏目，第 11～19 行代码用于更新栏目，根据更新结果显示提示信息。

（7）通过浏览器访问，观察编辑栏目功能是否正确执行。

7.5.5　删除栏目

（1）在列表页中为"删除"按钮添加链接，具体代码如下：

```
<a href="{{ url('category/delete', ['id' => $v['id']]) }}" class="j-del text-danger">删除</a>
```

在列表页的<script>标签中为"删除"按钮绑定事件，具体代码如下：

```
1  $('.j-del').click(function() {
2    if (confirm('您确定要删除此项？')) {
3      var data = { _token: '{{ csrf_token() }}' };
4      main.ajaxPost({url:$(this).attr('href'), data: data}, function(){
5        location.reload();
6      });
7    }
8    return false;
9  });
```

在上述代码中，第 1 行代码用于为"删除"按钮绑定单击事件；第 2 行代码用于弹出一个确认框，提醒用户是否确认删除；第 4 行代码用于发送 POST 请求到"删除"按钮的 href 属性值的地址中。

（2）在 Category 控制器中添加 delete( )方法，具体代码如下：

```
1  public function delete($id)
2  {
3      if (!$category = Category::find($id)) {
4          return response()->json(['code' => 0, 'msg' => '删除失败，记录不存在。' ]);
5      }
```

```
6       $category->delete();
7       return response()->json(['code' => 1, 'msg' => '删除成功' ]);
8   }
```

在上述代码中，通过第 3～5 行代码判断记录是否存在，第 6 行代码删除栏目。

（3）在 routes\web.php 文件的栏目路由组中添加删除栏目的路由规则，具体代码如下：

```
Route::post('delete/{id}', 'CategoryController@delete');
```

（4）通过浏览器访问，观察删除栏目功能是否成功实现。

7.6 内容管理

在内容管理系统中可以管理的内容有很多，如文章、图片、商品、电影、音乐等，本节主要
实现内容管理功能。内容管理功能的开发思路与栏目管理功能类似，但内容管理功能还需要支持
上传文件功能，例如，用户可以上传封面图用于在前台中展示。此外，还应考虑到将来内容会越
来越多，需要提供分页查询功能，以便于用户进行浏览。

7.6.1 创建内容表

（1）创建内容表对应的迁移文件后，在迁移文件的 up()方法中添加表结构信息，具体代码如下：

```
1  public function up()
2  {
3      Schema::create('content', function (Blueprint $table) {
4          $table->increments('id')->comment('主键');
5          $table->integer('cid')->comment('栏目id')->default('0');
6          $table->string('title', 255)->comment('标题');
7          $table->text('content')->comment('内容');
8          $table->string('image', 255)->nullable()->comment('图片');
9          $table->tinyInteger('status')->comment('状态默认1 推荐2')
10         ->default('1');
11         $table->timestamps();
12     });
13 }
```

内容表的字段有 id、cid（栏目 id）、title（标题）、content（内容）、image（图片）和 status（状
态）等。

（2）创建内容表对应的模型文件，具体命令如下：

```
php artisan make:model Content
```

执行上述命令后，会自动创建 app\Content.php 文件，具体代码如下：

```
1  <?php
2
3  namespace App;
4
5  use Illuminate\Database\Eloquent\Model;
6
7  class Content extends Model
```

```
8  {
9     protected $table = "content";
10    public $fillable = ['cid', 'title', 'content', 'image', 'status'];
11 }
```

7.6.2 添加内容

（1）创建 Content 控制器，具体命令如下：

```
php artisan make:controller Admin\ContentController
```

（2）在控制器中添加 add()方法，用于实现添加内容的功能，具体代码如下：

```
1  public function add()
2  {
3      $category = (new Category)->getTreeList();
4      return view('admin.content.add', ['category' => $category]);
5  }
```

在上述代码中，第 3 行代码用于获取栏目数据。

（3）在控制器中导入 Category 模型的命名空间，具体代码如下：

```
use App\Category;
```

（4）创建 resources\views\admin\content\add.blade.php 视图文件，具体代码如下：

```
1  @extends('admin/layouts/admin')
2  @section('title', '添加内容')
3  @section('main')
4  <div class="main-title"><h2>添加内容</h2></div>
5  <div class="main-section">
6    <div style="width:543px">
7      <!-- 添加内容表单 -->
8    </div>
9  </div>
10 <script>
11   main.menuActive('addcontent');
12 </script>
13 @endsection
```

（5）在视图中添加内容表单，具体代码如下：

```
1  <form method="post" action="{{ url('/content/save') }}" class="j-form">
2    <div class="form-group row">
3      <label class="col-sm-2 col-form-label">所属栏目</label>
4      <div class="col-sm-10">
5        <select name="cid" class="form-control" style="width:200px;">
6        <!-- 栏目下拉列表 -->
7        </select>
8      </div>
9    </div>
10   <div class="form-group row">
11     <label class="col-sm-2 col-form-label">标题</label>
12     <div class="col-sm-10">
13       <input type="text" name="title" class="form-control"
```

```
14        style="width:200px;">
15      </div>
16    </div>
17    <!-- 上传图片按钮 -->
18    <div class="form-group row">
19      <label class="col-sm-2 col-form-label">简介</label>
20      <div class="col-sm-10">
21        <textarea class="j-content" name="content"
22        style="height:500px"></textarea>
23      </div>
24    </div>
25    <div class="form-group row">
26      <label class="col-sm-2 col-form-label">状态</label>
27      <div class="col-sm-10">
28        <div class="form-check form-check-inline" style="height:38px">
29          <input class="form-check-input" type="radio" name="status"
30          value="1" checked>
31          <label class="form-check-label" for="inlineRadio1">默认</label>
32        </div>
33        <div class="form-check form-check-inline" style="height:38px">
34          <input class="form-check-input" type="radio" name="status"
35          value="2">
36          <label class="form-check-label" for="inlineRadio2">推荐</label>
37        </div>
38      </div>
39    </div>
40    <div class="form-group row">
41      <div class="col-sm-10">
42        {{csrf_field()}}
43        <button type="submit" class="btn btn-primary mr-2">提交表单</button>
44        <a href="{{url('content')}}" class="btn btn-secondary">返回列表</a>
45      </div>
46    </div>
47  </form>
```

　　在上述代码中，添加内容的表单包含了栏目下拉列表、标题输入框、上传图片按钮、简介输入框和状态单选框。其中，上传图片功能整合了 WebUploader，简介输入框整合了 UEditor，这些都会在后面的小节进行讲解。

　　（6）在视图中添加栏目下拉列表，具体代码如下：

```
1  <option value="0">---</option>
2  @foreach ($category as $v)
3  <option value="{{ $v['id'] }}">
4  @if ($v['level']) ├── @endif {{ $v['name'] }}
5  </option>
6  @endforeach
```

（7）在 Content 控制器中添加 save( )方法保存添加的内容，具体代码如下：

```php
1  public function save(Request $request)
2  {
3      $data = $request->all();
4      $this->validate($request, [
5          'cid' => 'required',
6          'title' => 'required'
7      ], [
8          'cid.require' => '栏目不能为空',
9          'title.unique' => '标题不能为空'
10     ]);
11     $re = Content::create($data);
12     if ($re) {
13         return redirect('content')->with('message', '添加成功');
14     } else {
15         return redirect('content/add')->with('tip', '添加失败');
16     }
17 }
```

在上述代码中，第 3 行代码用于获取表单提交的数据；第 4～10 行代码用于对数据进行验证；第 11～16 行代码用于保存内容，并根据保存的结果跳转到不同页面。

（8）在控制器中引入 Content 的命名空间，具体代码如下：

```php
use App\Content;
```

（9）在 Routes\web.php 中添加内容管理的路由组，具体代码如下：

```php
1  Route::prefix('content')->namespace('Admin')->middleware(['Admin'])
2  ->group(function () {
3      Route::get('add', 'ContentController@add');
4      Route::post('save', 'ContentController@save');
5  });
```

在上述代码中，第 3 行代码用于配置显示添加内容页面的路由；第 4 行代码用于配置保存添加内容表单的路由。

（10）修改 admin.blade.php，为添加内容的菜单项添加链接，具体代码如下：

```php
1  <a href="{{ url('content/add') }}" data-name="addcontent">
2    <i class="fa fa-list fa-fw"></i>添加
3  </a>
```

（11）通过浏览器访问，观察添加内容功能是否正确执行。

7.6.3 上传图片

在 7.6.2 节中已经实现了添加内容的功能，添加内容时还可以上传图片，下面就来实现上传图片的功能。

（1）在添加内容的视图中添加上传图片的按钮，具体代码如下：

```php
1  <div class="form-group row">
2    <label class="col-sm-2 col-form-label">图片</label>
3    <div class="col-sm-10">
```

```
4      <input type="file" id="file1" name="image" value="上传图片"
5      multiple="true">
6      <div class="upload-img-box" id="uploadImg"></div>
7    </div>
8  </div>
```

（2）在视图中引入上传文件所需的样式和 JavaScript 代码，具体代码如下：

```
1  <link href="{{asset('admin')}}/common/uploader/uploadifive.css" rel="stylesheet" />
2  <script src="{{asset('admin')}}/common/uploader/jquery.uploadifive.js"></script>
3  <script src="{{asset('admin')}}/common/uploader/jquery.uploadifive.min.js"></script>
```

（3）在 <script> 标签中配置"上传图片"按钮，具体代码如下：

```
1  $(function() {
2    $('#file1').uploadifive({
3      'auto': true,                                      // 自动上传
4      'fileObjName': 'image',                            // 文件对象名称
5      'fileType': 'image',                               // 文件类型
6      'buttonText': '上传图片',                          // 上传按钮的显示文本
7      'formData': { '_token': "{{ csrf_token() }}" },    // 表单数据
8      'method': 'post',                                  // 请求方式
9      'queueID': 'uploadImg',                            // 进度条 ID
10     'removeCompleted': true,                           // 从列表中移除上传完成的文件
11     'uploadScript': '{{ url('content/upload')}}',      // 上传服务器地址
12     'onUploadComplete': uploadPicture                  // 上传成功事件
13   });
14 });
15 function uploadPicture(file, data) {
16   var obj = $.parseJSON(data);
17   var src = '';
18   if(obj.code){
19     filename = obj.data.filename;
20     path = obj.data.path;
21     $('.upload-img-box').empty();
22     $('.upload-img-box').html(
23       '<div class="upload-pre-item" style="max-height:100%;"><img src="' +
24       path + '" style="width:100px;height:100px"/> <input type="hidden"
25       name="image" value="' + filename + '" class="icon_banner"/></div>'
26     );
27   } else {
28     alert(data.info);
29   }
30 }
```

（4）在 Content 控制器中编写 upload() 方法，具体代码如下：

```
1  public function upload(Request $request)
2  {
3      if ($request->hasFile('image')) {
4          $image = $request->file('image');
5          if ($image->isValid()) {
6              $name = md5(microtime(true)) . '.' . $image->extension();
7              $image->move('static/upload', $name);
```

```
8              $path = '/static/upload/' . $name;
9              $return_data = array(
10                 'filename' => $name,
11                 'path' => $path
12             );
13             $result = [
14                 'code' => 1,
15                 'msg' => '上传成功',
16                 'time' => time(),
17                 'data' => $return_data,
18             ];
19             return response()->json($result);
20         }
21         return $image->getErrorMessage();
22     }
23     return '文件上传失败';
24 }
```

在上述代码中，第 4 行的 file()方法用于获取上传文件，其返回值$image 是一个 Illuminate\
Http\UploadedFile 类的对象，通过这个对象可以进行验证、保存等操作；第 5 行代码调用了 isValid()
方法，该方法用于验证文件是否上传成功；第 6 行代码用于生成文件名；第 7 行的 move()方法用
于将上传文件移动到指定的目录中。

（5）在 routes\web.php 文件中内容的路由组中添加上传图片的路由规则，具体命令如下：

```
Route::post('upload', 'ContentController@upload');
```

通过浏览器访问测试。在添加内容时，单击"上传图片"按钮，选择一张图片进行上传。由
于图片文件通常都比较小，上传速度很快，为了更好地看到上传进度的变化，在浏览器的开发者
工具中切换到"Network"面板，将网速设为 Slow 3G，如图 7-12 所示。

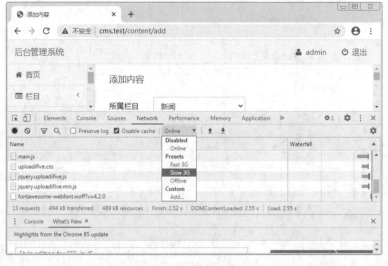

图 7-12　限制网速

更改网速后，选择图片进行上传，就可以看到图片的上传进度，如图 7-13 所示。

图 7-13　图片上传进度

当上传完图片后，就会显示已经上传的图片，如图 7-14 所示。

图 7-14　显示已经上传的图片

7.6.4　整合 UEditor

UEditor 是由百度推出的一个所见即所得的在线编辑器，具有轻量、可定制、注重用户体验等特点，基于 MIT 协议开源，允许用户自由使用和修改代码。在 UEditor 官方网站可以获取 UEditor 的下载地址。

本书在配套源代码中将 UEditor 放在了 public\admin\common\editor\ueditor1.4.3.3 目录中，其中，1.4.3.3 表示版本号。

下面开始讲解如何在项目中整合 UEditor 编辑器，具体步骤如下。

（1）创建 public\admin\common\editor\main.editor.js 文件，具体代码如下：

```
1  (function($, main) {
2    var def = {
3      UEDITOR_HOME_URL: '',                      // UEditor URL
4      serverUrl: '',                             // UEditor 内置上传地址设为空
5      autoHeightEnabled: false,                  // 关闭自动调整高度
6      wordCount: false,                          // 关闭字数统计
7      toolbars: [['fullscreen', 'source', '|',   // 自定义工具栏按钮
8       'undo', 'redo', '|', 'bold', 'italic', 'underline', 'strikethrough',
9       'forecolor', 'backcolor', 'fontfamily', 'fontsize', 'paragraph', 'link',
10      'blockquote', 'insertorderedlist', 'insertunorderedlist', '|',
11      'inserttable', 'insertrow', 'insertcol' , '|', 'drafts']]
12   };
13   var instances = {};
14   main.editor = function(obj, id, before, ready) {
15     var opt = $.extend(true, {}, def);
16     before(opt);
17     if (instances[id]) {
18       instances[id].destroy();
19       $('#' + id).removeAttr('id');
20     }
21     return instances[id] = createEditor(obj, id, opt, ready);
22   };
23   function createEditor(obj, id, opt, ready) {
24     obj.attr('id', id);
25     var editor = UE.getEditor(id, opt);
26     editor.ready(function() {
27       ready(editor);
28     });
29     return editor;
30   }
31 }(jQuery, main));
```

在上述代码中，第 14 行的 main.editor( )方法的参数 obj 表示页面中的元素，id 表示唯一标识，before 表示在创建编辑器前用于修改可选参数的函数，ready 表示在编辑器创建完成后执行的函数。

（2）在 add.blade.php 文件中引入编辑器相关的文件，具体代码如下：

```
1  <script src="{{asset('admin')}}/common/editor/ueditor1.4.3.3/ueditor.config.js"></script>
2  <script src="{{asset('admin')}}/common/editor/ueditor1.4.3.3/ueditor.all.min.js"></script>
3  <script src="{{asset('admin')}}/common/editor/main.editor.js"></script>
```

（3）创建编辑器实例，具体代码如下：

```
1  main.editor($('.j-content'), 'content_edit', function(opt) {
2    opt.UEDITOR_HOME_URL = '{{asset('admin')}}/common/editor/ueditor1.4.3.3/';
3  }, function(editor) {
4    $('.j-form').submit(function() {
5      editor.sync();
6    });
7  });
```

在上述代码中，第 2 行代码用于指定 UEditor 的保存目录；第 5 行代码用于在提交表单时确保编辑器的内容已经同步到表单中。

通过浏览器访问，其页面效果如图 7-15 所示。

图 7-15　整合 UEditor 后的页面效果

7.6.5　显示内容列表

（1）在 Content 控制器中编写 index( )方法，具体代码如下：

```
1  public function index($cid = 0)
2  {
3      $category = (new Category)->getTreeList();
4      $content = Content::get();
5      if ($id) {
6          $content = Content::where('cid', $cid)->get();
7      }
8    return view('admin.content.index', ['category' => $category, 'content' => $content,
'cid' => $id]);
9  }
```

在上述代码中，第 3 行代码用于获取栏目列表；第 4 行代码用于获取内容数据。

（2）在展示内容时，需要显示内容对应的栏目，因此在 Content 模型中添加关联模型，具体代码如下：

```
1  public function category()
2  {
3      return $this->belongsTo('App\Category', 'cid', 'id');
4  }
```

（3）创建 resources\views\admin\content\index.blade.php 文件，具体代码如下：

```
1  @extends('admin/layouts/admin')
2  @section('title', '内容列表')
3  @section('main')
```

```
4  <div class="main-title"><h2>内容管理</h2></div>
5  <div class="main-section form-inline">
6   <a href="{{ url('content/add') }}" class="btn btn-success">+ 新增</a>
7   <!- 栏目下拉列表-->
8  </div>
9  <div class="main-section">
10  <form method="post" action="{{ url('category/sort')}}" class="j-form">
11   <table class="table table-striped table-bordered table-hover">
12     <thead>
13      <tr>
14       <th width="75">序号</th><th>栏目</th><th>图片</th><th>标题</th>
15       <th>状态</th><th>创建时间</th><th width="100">操作</th>
16      </tr>
17     </thead>
18     <tbody>
19      @foreach($content as $v)
20       <!-- 内容列表 -->
21      @endforeach
22      @if(empty($content))
23       <tr><td colspan="7" class="text-center">还没有添加内容</td></tr>
24      @endif
25     </tbody>
26    </table>
27    {{csrf_field()}}
28  </form>
29 </div>
30 <script>
31  main.menuActive('content');
32 </script>
33 @endsection
```

（4）在 foreach 中输出内容列表，具体代码如下：

```
1  <tr>
2   <td>{{ $v->id }}</td>
3   <td>{{ $v->category->name}}</td>
4   <td><img @if($v->image) src="/static/upload/{{ $v->image}}" @else src="
5   {{asset('admin')}}/img/noimg.png" @endif width="50" height="50"></td>
6   <td>{{ $v->title }}</td>
7   <td>@if($v->status==1) 默认 @else 推荐 @endif</td>
8   <td>{{ $v->created_at }}</td>
9   <td><a href="#" style="margin-right:5px;">编辑</a>
10   <a href="#" class="j-del text-danger">删除</a></td>
11 </tr>
```

（5）编写栏目下拉列表，具体代码如下：

```
1  <select class="j-select form-control"
2  style="min-width:120px;margin-left:8px">
3   <option value="{{ url('content', ['id' => 0]) }}">所有栏目</option>
4   @foreach($category as $v)
```

```
5     @if($v['level'])
6      <option value="{{ url('content', ['d' => $v['id']]) }}">
7       <small class="text-muted">--</small> {{$v['name']}}
8      </option>
9     @else
10     <option value="{{ url('content', ['id' => $v['id']]) }}">
11      {{$v['name']}}
12     </option>
13    @endif
14   @endforeach
15 </select>
```

（6）在页面的<script>标签中编写代码实现下拉列表的切换，具体代码如下：

```
1 <script>
2   $('.j-select').change(function() {
3    main.content($(this).val());
4   });
5 </script>
```

（7）在 routes\web.php 中添加内容列表页的路由，具体代码如下：

```
Route::get('{id?}', 'ContentController@index');
```

（8）修改 admin.blade.php，为内容列表添加链接，具体代码如下：

```
1 <a href="{{ url('content') }}" data-name="content">
2  <i class="fa fa-table fa-fw"></i>列表
3 </a>
```

（9）通过浏览器访问，其页面效果如图 7-16 所示。

图 7-16　内容列表页面效果

7.6.6　编辑内容

（1）在内容列表页面单击每条内容对应的"编辑"按钮，即可对此条内容进行编辑，下面在内容列表页面中为"编辑"按钮添加链接，具体代码如下：

```
1  <a href="{{ url('content/edit', ['id' => $v->id ]) }}"
2  style="margin-right:5px;">编辑</a>
```

（2）在 Content 控制器中添加 edit()方法，具体代码如下：

```
1  public function edit(Request $request)
2  {
3      $id = $request->id;
4      $category = (new Category)->getTreeList();
5      $content = Content::find($id);
6      return view('admin.content.edit', ['category' => $category, 'content' => $content]);
7  }
```

创建视图文件 edit.blade.php，编辑内容的视图与添加内容的视图相同，将添加内容的视图代码复制过来即可使用。在编辑内容的视图中，需要将获取到的内容显示在表单的输入框中。

（3）修改 save()方法，接收栏目 id，具体代码如下：

```
1  public function save()
2  {
3      ……（原有代码）
4      if (isset($data['id'])) {
5          $id = $data['id'];
6          unset($data['id']);
7          unset($data['_token']);
8          $res = Content::where('id',$id)->update($data);
9          $type = $res ? 'message' : 'tip';
10         $message = $res ? '修改成功' : '修改失败';
11         return redirect('content')->with($type, $message);
12     }
13     $re = Category::create($data);    // 在此行代码前添加
14 }
```

在上述代码中，第 4～12 行代码为新增代码，用于对内容进行更新。

（4）在 routes\web.php 文件中添加内容列表页的路由，具体代码如下：

```
Route::get('edit/{id}', 'ContentController@edit');
```

通过浏览器访问，观察编辑内容功能是否能正确执行。

7.6.7 删除内容

（1）在内容列表页面单击每条内容对应的"删除"按钮，即可删除此条内容，下面在内容列表页面中为"删除"按钮添加链接，具体代码如下：

```
<a href="{{ url('content/delete', ['id' => $v->id ]) }}" class="j-del text-danger">删除</a>
```

（2）在 routes\web.php 文件中添加删除内容的路由，具体代码如下：

```
Route::post('delete/{id}', 'ContentController@delete');
```

（3）在列表页中找到\<script\>标签，在标签内添加如下代码。

```
1  $('.j-del').click(function() {
2    if (confirm('您确定要删除此项?')) {
3      var data = { _token: '{{ csrf_token() }}' };
4      main.ajaxPost({url:$(this).attr('href'), data: data}, function(){
5        location.reload();
6      });
7    }
8    return false;
9  });
```

（4）在 Content 控制器中添加 delete()方法，具体代码如下：

```
1  public function delete($id)
2  {
3      if (!$content = Content::find($id)) {
4          return response()->json(['code' => 0, 'msg' => '删除失败，记录不存在。' ]);
5      }
6      $content->delete();
7      return response()->json(['code' => 1, 'msg' => '删除成功' ]);
8  }
```

在上述代码中，第 3～5 行代码用于判断记录是否存在；第 6 行代码用于删除内容。

（5）通过浏览器访问，观察删除内容功能是否成功实现。

7.7　广告位管理

在网站中常会看到一些广告，这些广告都是在网站的广告位上显示的，目前，在网站建站需求中，添加广告信息已经是重要的需求，因此 CMS 提供了广告管理模块，广告管理模块主要包括广告位管理和广告内容管理，本节讲解广告位管理的实现。

7.7.1　创建广告位表

（1）创建广告位表对应的迁移文件后，在迁移文件的 up()方法中添加表结构信息，具体代码如下：

```
1  public function up()
2  {
3      Schema::create('adv', function (Blueprint $table) {
4          $table->increments('id')->comment('主键');
5          $table->string('name', 32)->comment('广告位名称');
6          $table->timestamps();
7      });
8  }
```

广告位表的字段有 id 和 name（广告位名称）等字段。

（2）下面创建广告位表对应的模型文件，具体命令如下：

```
php artisan make:model Adv
```

上述命令执行后，会自动创建 app\Adv.php 文件，具体代码如下：

```php
1  <?php
2
3  namespace App;
4
5  use Illuminate\Database\Eloquent\Model;
6
7  class Content extends Model
8  {
9      protected $table = 'adv';
10     public $fillable = ['name'];
11 }
```

7.7.2　添加广告位

（1）创建 Adv 控制器，具体命令如下：

```
php artisan make:controller Admin\AdvController
```

（2）在控制器中添加 add()方法，用于实现添加广告位的功能，具体代码如下：

```php
1  public function add()
2  {
3      $data = [];
4      return view('admin.adv.add', ['data' => $data]);
5  }
```

（3）创建 resources\views\admin\adv\add.blade.php 视图文件，具体代码如下：

```php
1  @extends('admin/layouts/admin')
2  @section('title', '广告位')
3  @section('main')
4  <div class="main-title"><h2>添加广告位</h2></div>
5  <div class="main-section">
6   <div style="width:543px">
7     <form method="post" action="{{ url('/adv/save') }}">
8       <div class="form-group row">
9         <label class="col-sm-3 col-form-label">广告位名称</label>
10        <div class="col-sm-9">
11          <input type="text" name="name" class="form-control"
12          style="width:200px;">
13        </div>
14      </div>
15      <div class="form-group row">
16        <div class="col-sm-10">
17        {{csrf_field()}}
18        <button type="submit" class="btn btn-primary mr-2">提交表单</button>
19        <a href="{{url('adv')}}" class="btn btn-secondary">返回列表</a>
20      </div>
21    </div>
```

```
22   </form>
23 </div>
24 </div>
25 <script>
26   main.menuActive('adv');
27 </script>
28 @endsection
```

（4）在 Adv 控制器中添加 save( )方法保存添加的广告位，具体代码如下：

```
1 public function save(Request $request)
2 {
3     $data = $request->all();
4     $this->validate($request, [
5         'name' => 'required'
6     ], [
7         'name.require' => '名称不能为空'
8     ]);
9     $re = Adv::create($data);
10    if ($re) {
11        return redirect('adv')->with('message', '添加成功');
12    } else {
13        return redirect('adv/add')->with('tip', '添加失败');
14    }
15 }
```

（5）在控制器中引入 Adv 的命名空间，具体代码如下：

```
use App\Adv;
```

（6）在 routes\web.php 中添加广告位管理的路由组，具体代码如下：

```
1 Route::prefix('adv')->namespace('Admin')->middleware(['Admin'])
2 ->group(function () {
3     Route::get('add/{id?}', 'AdvController@add');
4     Route::post('save', 'AdvController@save');
5 });
```

在上述代码中，第 3 行代码用于配置显示添加广告位页面的路由；第 4 行代码用于配置保存广告位表单的路由。

（7）通过浏览器访问，观察添加广告位功能是否能正确执行。

7.7.3　显示广告位列表

（1）修改 admin.blade.php，为广告位菜单项添加链接，具体代码如下：

```
1 <a href="{{ url('adv') }}" data-name="adv">
2   <i class="fa fa-list fa-fw"></i>广告位
3 </a>
```

（2）在 routes\web.php 中添加广告位列表的路由，具体代码如下：

```
Route::get('', 'AdvController@index');
```

（3）在 Adv 控制器中编写 index()方法，具体代码如下：

```
1  public function index()
2  {
3      $adv = Adv::all();
4      return view('admin.adv.index', ['adv' => $adv]);
5  }
```

（4）创建 index.blade.php 文件，具体代码如下：

```
1  @extends('admin/layouts/admin')
2  @section('title', '广告位列表')
3  @section('main')
4  <div class="main-title"><h2>广告位管理</h2></div>
5  <div class="main-section form-inline">
6   <a href="{{ url('adv/add') }}" class="btn btn-success">+ 新增</a>
7  </div>
8  <div class="main-section">
9   <table class="table table-striped table-bordered table-hover">
10    <thead>
11     <tr>
12      <th width="75">序号</th><th>广告位名称</th><th width="100">操作</th>
13     </tr>
14    </thead>
15    <tbody>
16     <!-- 广告位列表-->
17     @if(empty($adv))
18      <tr><td colspan="4" class="text-center">还没有添加广告位</td></tr>
19     @endif
20    </tbody>
21   </table>
22  </div>
23  <script>
24    main.menuActive('adv');
25  </script>
26  @endsection
```

（5）在视图中输出广告位列表，具体代码如下：

```
1  @foreach($adv as $v)
2   <tr>
3    <td>{{$v->id}}</td>
4    <td>{{$v->name}}</td>
5    <td>
6     <a href="#" style="margin-right:5px;">编辑</a>
7     <a href="#" class="j-del text-danger">删除</a></td>
8   </tr>
9  @endforeach
```

（6）通过浏览器访问，其页面效果如图 7-17 所示。

图 7-17　广告位列表页面效果

7.7.4　编辑广告位

（1）在广告位列表页面单击每条广告位对应的"编辑"按钮，即可对此条广告位进行编辑，下面在广告位列表页面中为"编辑"按钮添加链接，具体代码如下：

```
<a href="{{ url('adv/add', ['id' => $v->id]) }}" style="margin-right:5px;">编辑</a>
```

（2）编辑广告位和添加广告位共用同一个视图，修改 Adv 控制器的 add() 方法，根据 id 查询广告位内容，具体代码如下：

```
1  public function add($id = 0)
2  {
3      $data = [];
4      if ($id > 0) {
5          $data = Adv::find($id);
6      }
7      return view('admin.adv.add', ['data' => $data]);
8  }
```

在上述代码中，第 4～6 行代码为新增代码。

（3）修改 add.blade.php 的标题，具体代码如下：

```
1  <div class="main-title">
2    <h2>
3      @if(!empty($data)) 编辑@else 添加@endif 广告位
4    </h2>
5  </div>
```

（4）在视图中将编辑的广告位名称回显到 input 输入框中。

```
1  <input type="text" name="name" @if(isset($data['name']))
2  value="{{$data->name}}" @endif class="form-control" style="width:200px;">
```

（5）在提交表单按钮前添加隐藏域，存放编辑的广告位的 id，具体代码如下：

```
1  @if(isset($data['id']))
2  <input type="hidden" name="id" value="{{$data->id}}">
3  @endif
```

（6）修改 Adv 控制器中添加的 save() 方法，具体代码如下：

```
1  public function save(Request $request)
2  {
3      ……（原有代码）
4      if (isset($data['id'])) {
5          $id = $data['id'];
```

```
6        unset($data['id']);
7        unset($data['_token']);
8        $res = Adv::where('id', $id)->update($data);
9        $type = $res ? 'message' : 'tip';
10       $message = $res ? '修改成功' : '修改失败';
11       return redirect('adv')->with($type, $message);
12    }
13    $re = Advposition::create($data);     // 原有代码
14 }
```

（7）通过浏览器访问，观察编辑广告位功能是否能正确执行。

7.7.5　删除广告位

（1）在广告位列表页面单击每条广告位对应的"删除"按钮，即可删除此条内容。下面在广告位列表页面中为"删除"按钮添加链接，具体代码如下：

```
1 <a href="{{ url('adv/delete', ['id' => $v->id]) }}"
2 class="j-del text-danger">删除</a>
```

（2）在 routes\web.php 中添加删除广告位的路由，具体代码如下：

```
Route::post('delete/{id}', 'AdvController@delete');
```

（3）在列表页中找到<script>标签，在标签内添加如下代码。

```
1 $('.j-del').click(function() {
2   if (confirm('您确定要删除此项？')) {
3     var data = { _token: '{{ csrf_token() }}' };
4     main.ajaxPost({url:$(this).attr('href'), data: data}, function(){
5       location.reload();
6     });
7   }
8   return false;
9 });
```

（4）在 Adv 控制器中添加 delete()方法，具体代码如下：

```
1 public function delete($id)
2 {
3    if (!$data = Adv::find($id)) {
4        return response()->json(['code' => 0, 'msg' => '删除失败，记录不存在。' ]);
5    }
6    $data->delete();
7    return response()->json(['code' => 1, 'msg' => '删除成功' ]);
8 }
```

（5）通过浏览器访问，单击"删除"按钮删除广告位，观察广告位是否删除成功。

7.8　广告内容管理

在内容管理系统中，添加广告内容时需要选择广告所属的广告位，从而设置广告的显示位置。在前面章节中已经介绍了广告位模块的开发，下面对广告内容管理模块的功能进行详细讲解。

7.8.1 创建广告内容表

（1）创建广告内容表的迁移文件后，在迁移文件的 up( )方法中添加表结构信息，具体代码如下：

```
1  public function up()
2  {
3      Schema::create('advcontent', function (Blueprint $table) {
4          $table->increments('id')->comment('主键');
5          $table->integer('advid')->comment('广告位id');
6          $table->string('path', 200)->comment('图片路径');
7          $table->timestamps();
8      });
9  }
```

（2）下面创建内容表对应的模型文件，具体命令如下：

```
php artisan make:model Advcontent
```

（3）上述命令执行后，会自动创建 app\Advcontent.php 文件，具体代码如下：

```
1   <?php
2
3   namespace App;
4
5   use Illuminate\Database\Eloquent\Model;
6
7   class Advcontent extends Model
8   {
9       protected $table = 'advcontent';
10      public $fillable = ['advid', 'path'];
11  }
```

7.8.2 添加广告

添加广告内容时，需要选择广告所属的广告位，下面对添加广告功能进行详细讲解。

（1）创建 Advcontent 控制器，具体命令如下：

```
php artisan make:controller Admin\AdvcontentController
```

（2）在控制器中添加 add( )方法，用于实现添加广告的功能，具体代码如下：

```
1  public function add()
2  {
3      $position = Adv::all();
4      return view('admin.advcontent.add', ['position' => $position]);
5  }
```

（3）在控制器中引入广告位的命名空间，具体代码如下：

```
use App\Adv;
```

（4）创建 resources\views\admin\advcontent\add.blade.php 视图文件，具体代码如下：

```
1  @extends('admin/layouts/admin')
2  @section('title', '添加广告')
```

```
3  @section('main')
4  <div class="main-title"><h2>添加广告</h2></div>
5  <div class="main-section">
6   <div style="width:543px">
7    <form method="post" action="{{ url('/advcontent/save') }}">
8     <div class="form-group row">
9      <label class="col-sm-3 col-form-label">选择广告位</label>
10     <div class="col-sm-9">
11      <!-- 广告位列表 -->
12     </div>
13    </div>
14    <div class="form-group row">
15     <label class="col-sm-3 col-form-label">上传图片</label>
16     <div class="col-sm-9">
17      <input type="file" id="file1" name="path" value="上传图片">
18      <div class="upload-img-box" id="uploadImg"></div>
19     </div>
20    </div>
21    <div class="form-group row">
22     <div class="col-sm-9">
23      {{csrf_field()}}
24      <button type="submit" class="btn btn-primary mr-2">
25      提交表单</button>
26      <a href="{{url('advcontent')}}" class="btn btn-secondary">返回列表</a>
27     </div>
28    </div>
29   </form>
30  </div>
31 </div>
32 <script>
33  main.menuActive('advcontent');
34 </script>
35 @endsection
```

（5）在视图中添加广告位列表，具体代码如下：

```
1 <select name="advid" class="form-control" style="width:200px;">
2  @foreach ($position as $v)
3   <option value="{{ $v['id'] }}" @if(isset($data['advid']) &&
4   $data['advid'] == $v['id']) selected @endif>
5    {{ $v->name }}
6   </option>
7  @endforeach
8 </select>
```

（6）引入上传图片需要用到的库文件，具体代码如下：

```
1 <link href="{{asset('admin')}}/common/uploader/uploadifive.css" rel="stylesheet" />
2 <script src="{{asset('admin')}}/common/uploader/jquery.uploadifive.js"></script>
```

（7）在<script>标签中为"上传图片"按钮绑定事件，具体代码如下：

```
1 $(function(){
2   $('#file1').uploadifive({
3     'auto': true,
4     'fileObjName': 'image',
5     'fileType': 'image',
6     'buttonText': '上传图片',
7     'formData': { '_token': "{{ csrf_token() }}" },
8     'method': 'post',
9     'queueID': 'uploadImg',
10    'removeCompleted': true,
11    'uploadScript': '{{ url('advcontent/upload')}}',
12    'onUploadComplete': uploadPicture
13  });
14 });
15 function uploadPicture(file, data) {
16   var obj = $.parseJSON(data);
17   var src = '';
18   if (obj.code) {
19     filename = obj.data.filename;
20     path = obj.data.path;
21     if ($('.upload-pre-item').length >0) {
22       $('.upload-pre-item').append(
23       '<img src="' + path + '" style="width:100px;height:100px"/> <input
24 type="hidden" name="path[]" value="'+filename+'" class="icon_banner"/>'
25       );
26     } else {
27       $('.upload-img-box').append(
28       '<div class="upload-pre-item" style="max-height:100%;"><img src="' + path + '"
style="width:100px;height:100px"/> <input type="hidden" name="path[]" value="'+filename+'"
class="icon_banner"/></div>'
29       );
30     }
31   } else {
32     alert(data.info);
33   }
34 }
```

（8）在 Advcontent 控制器中添加 upload( )方法，保存上传的广告图片，具体代码如下：

```
1 public function upload(Request $request)
2 {
3     if ($request->hasFile('image')) {
4         $image = $request->file('image');
5         if ($image->isValid()) {
6             $name = md5(microtime(true)) . '.' . $image->extension();
7             $image->move('static/upload', $name);
8             $path = '/static/upload/' . $name;
9             $return_data = array(
10                'filename' => $name,
11                'path' => $path
```

```
12              );
13              $result = [
14                  'code' => 1,
15                  'msg'  => '上传成功',
16                  'time' => time(),
17                  'data' => $return_data,
18              ];
19              return response()->json($result);
20          }
21          return $image->getErrorMessage();
22      }
23      return '文件上传失败';
24  }
```

（9）在 Advcontent 控制器中添加 save()方法，保存广告内容，具体代码如下：

```
1  public function save(Request $request)
2  {
3      $data = $request->all();
4      $path = '';
5      foreach ($data['path'] as $v) {
6          $path .= $v . '|';
7      }
8      $data['path'] = substr($path, 0, -1);
9      $re = Advcontent::create($data);
10     if ($re) {
11         return redirect('advcontent')->with('message', '添加成功');
12     } else {
13         return redirect('advcontent/add')->with('tip', '添加失败');
14     }
15 }
```

（10）在控制器中引入广告位的命名空间，具体代码如下：

```
use App\Advcontent;
```

（11）在 routes\web.php 中添加广告位管理的路由组，具体代码如下：

```
1  Route::prefix('advcontent')->namespace('Admin')->middleware(['Admin'])
2  ->group(function () {
3      Route::get('add/{id?}', 'AdvcontentController@add');
4      Route::post('upload', 'AdvcontentController@upload');
5      Route::post('save', 'AdvcontentController@save');
6  });
```

（12）通过浏览器访问，观察添加广告功能是否能正确执行。

7.8.3　显示广告列表

（1）在 Advcontent 控制器中编写 index()方法，具体代码如下：

```
1  public function index()
2  {
3      $adv = Advcontent::all();
4      foreach ($adv as $v) {
```

```
5        if ($v['path']) {
6            $v['path'] = explode('|', $v['path']);
7        } else {
8            $v['path'] = [];
9        }
10   }
11   return view('admin.advcontent.index', ['adv' => $adv]);
12 }
```

（2）修改 App\Advcontent.php，设置关联模型，获取广告位的信息，具体代码如下：

```
1 public function position()
2 {
3     return $this->belongsTo('App\Adv', 'advid', 'id');
4 }
```

（3）创建 index.blade.php 文件，具体代码如下：

```
1  @extends('admin/layouts/admin')
2  @section('title', '广告内容管理')
3  @section('main')
4  <div class="main-title"><h2>广告内容管理</h2></div>
5  <div class="main-section form-inline">
6    <a href="{{ url('advcontent/add') }}" class="btn btn-success">+ 新增</a>
7  </div>
8  <div class="main-section">
9    <table class="table table-striped table-bordered table-hover">
10     <thead>
11       <tr>
12         <th width="75">序号</th><th>广告位名称</th><th>广告图片</th>
13         <th width="100">操作</th>
14       </tr>
15     </thead>
16     <tbody>
17       <!-- 广告位列表 -->
18       @if(empty($adv))
19         <tr><td colspan="4" class="text-center">还没有添加广告内容</td></tr>
20       @endif
21     </tbody>
22   </table>
23 </div>
24 <script>
25   main.menuActive('advcontent');
26 </script>
27 @endsection
```

（4）在页面中添加广告位列表，具体代码如下：

```
1 @foreach($adv as $v)
2   <tr class="j-pid-{{ $v['pid'] }}">
3     <td><input type="text" value="{{$v->id}}" class="form-control j-sort"
4     maxlength="5" style="height:25px;font-size:12px;padding:0 5px;"></td>
5     <td>{{$v->position->name}}</td>
6     <td>
```

```
7        @foreach($v->path as $val)
8          <img src="/static/upload/{{$val}}" style="height:40px;width:
9          50px">
10         @endforeach
11       </td>
12       <td><a href="#" style="margin-right:5px;">编辑</a>
13         <a href="#" class="j-del text-danger">删除</a></td>
14     </tr>
15 @endforeach
```

（5）在 routes\web.php 中添加广告列表的路由，具体代码如下：

```
Route::get('', 'AdvcontentController@index');
```

（6）修改 admin.blade.php，为广告内容菜单项添加链接，具体代码如下：

```
1 <a href="{{ url('advcontent') }}" data-name="advcontent">
2   <i class="fa fa-list-alt fa-fw"></i>广告内容
3 </a>
```

（7）通过浏览器访问，其页面效果如图 7-18 所示。

图 7-18　广告内容列表页面效果

7.8.4　编辑广告

（1）在广告内容列表页面单击每条广告对应的"编辑"按钮，即可对此条内容进行编辑，下面在广告内容列表页面中为"编辑"按钮添加链接，具体代码如下：

```
<a href="{{ url('advcontent/add', ['id' => $v->id]) }}" style="margin-right:5px;">编辑</a>
```

（2）编辑广告和添加广告使用同一个视图，修改 add()方法，在原有代码前获取编辑广告的内容，具体代码如下：

```
1 public function add($id = 0)
2 {
3     $data = [];
4     if ($id > 0) {
5         $data = Advcontent::find($id);
6         if ($data['path']) {
7             $data['path'] = explode('|', $data['path']);
```

```
8        } else {
9            $data['path'] = [];
10       }
11   }
12   ……（原有代码）
13 }
```

在上述代码中，第 3～11 行代码为新增代码。

（3）将获取的广告内容分配到视图中，具体代码如下：

```
1 return view('admin.advcontent.add', ['data' => $data, 'position' =>
2 $position]);
```

（4）修改 add.blade.php 的标题，具体代码如下：

```
1 <div class="main-title"><h2>@if(!empty($data)) 编辑@else 添加@endif
2 广告</h2></div>
```

（5）在 add.blade.php 中找到类名为 "upload-img-box" 的 div，显示广告的图片，具体代码如下：

```
1 <div class="upload-img-box" id="uploadImg">
2   @if(isset($data->path))
3     <div class="upload-pre-item" style="max-height:100%;">
4     @foreach ($data->path as $val)
5       <img src="/static/upload/{{$val}}"
6       style="width:100px;height:100px"/>
7       <input type="hidden" name="path[]" value="{{$val}}"
8       class="icon_banner"/>
9     @endforeach
10    </div>
11  @endif
12 </div>
```

（6）在 "提交表单" 按钮前添加当前编辑的广告的 id，具体代码如下：

```
1 @if(isset($data['id']))
2   <input type="hidden" name="id" value="{{$data->id}}">
3 @endif
```

（7）修改 Advcontent 控制器的 save() 方法，具体代码如下：

```
1 public function save(Request $request)
2 {
3     ……（原有代码）
4     if (isset($data['id'])) {
5         $id = $data['id'];
6         unset($data['id']);
7         unset($data['_token']);
8         $res = Advcontent::where('id', $id)->update($data);
9         $type = $res ? 'message' : 'tip';
10        $message = $res ? '修改成功' : '修改失败';
11        return redirect('advcontent')->with($type, $message);
12    }
13    $re = Advcontent::create($data);    // 原有代码
14 }
```

在上述代码中，第 4～12 行代码为新增代码，用于更新广告内容。

（8）通过浏览器访问，观察编辑广告功能是否能正确执行。

7.8.5 删除广告

（1）在广告内容列表页面单击每条广告对应的"删除"按钮，即可删除此条内容，下面在广告内容列表页面中为"删除"按钮添加链接，具体代码如下：

```
<a href="{{ url('advcontent/delete', ['id' => $v->id]) }}" class="j-del text-danger">
删除</a>
```

（2）在 routes\web.php 中添加删除广告的路由，具体代码如下：

```
Route::post('delete/{id}', 'AdvcontentController@delete');
```

（3）在列表页的<script>标签中为"删除"按钮绑定事件，具体代码如下：

```
1  $('.j-del').click(function() {
2    if (confirm('您确定要删除此项？')) {
3      var data = { _token: '{{ csrf_token() }}' };
4      main.ajaxPost({url:$(this).attr('href'), data: data}, function(){
5        location.reload();
6      });
7    }
8    return false;
9  });
```

（4）在 Advcontent 控制器中添加 delete( )方法，具体代码如下：

```
1  public function delete($id)
2  {
3      if (!$content = Advcontent::find($id)) {
4          return response()->json(['code' => 0, 'msg' => '删除失败，记录不存在。' ]);
5      }
6      $content->delete();
7      return response()->json(['code' => 1, 'msg' => '删除成功' ]);
8  }
```

（5）通过浏览器访问，观察删除广告功能是否可以正确执行。

在实现了广告内容管理的功能后，需要对删除广告位的逻辑进行完善，当删除的广告位下有内容时，不允许删除。

（6）修改 Adv 控制器的 delete( )方法，在删除广告位的代码前添加判断，具体代码如下：

```
1  if (Advcontent::where('advid', '=', $id)->exists()) {
2      return response()->json(['code' => 0, 'msg' => '该广告位下有广告记录，请先删除广告内容。' ]);
3  }
```

（7）在 Adv 控制器中引入 Advcontent 的命名空间，具体代码如下所示。

```
use App\Content;
```

通过浏览器访问，在删除有内容的广告位时，观察程序的运行结果。

本章小结

本章对内容管理系统中的后台用户登录、后台页面搭建，以及栏目管理功能、内容管理功能和广告管理功能进行了详细讲解。通过学习本章的内容，希望读者掌握如何使用 Laravel 框架进行项目开发，如何通过会话技术实现用户登录功能，以及如何开发针对某数据表的增加、删除、修改、查询功能，为以后开发更加复杂的项目打下基础。

课后练习

一、填空题

1. 验证码的码值一般存储在_____中。

2. 文件上传成功后，会被暂时保存在系统的_____目录下。

3. _____函数可以实现将文件移动到指定目录。

4. 通过_____实现后台页面布局。

5. 调用_____方法对表单提交的数据进行验证。

二、判断题

1. 使用 UEditor 编辑器提交的 HTML 代码需要进行过滤，防止 XSS 攻击。（　　　）

2. 为了方便管理，可以对后台的所有操作统一进行管理，称为路由分组。（　　　）

3. UEditor 的主要功能是上传图片。（　　　）

4. 文件上传成功后，生成的临时文件在 PHP 执行完毕后，就会被释放。（　　　）

5. 要实现文件上传，表单的提交方式必须是 GET 方式。（　　　）

三、选择题

1. 下列说法正确的是（　　　）。

A. 退出登录可以保证账号的安全性

B. 退出登录是为了释放资源，从而给更多需要登录的用户使用

C. 退出登录可以保证用户数据的完整性

D. 退出登录后用户的数据即在数据库永久删除

2. 下列关于验证码的描述错误的是（　　　）。

A. 避免网站遭受网络攻击

B. 避免非法数据的提交

C. 防止用暴力破解方式进行不断的登录尝试

D. 页面看起来更加美观

3. 下列关于使用模板继承的说法正确的是（　　　）。

A. 提高代码复用性，减少重复代码的出现

B. 提高页面的加载速度

C. 使页面更加美观

D. 以上说法全部正确

4. 下面关于文件上传的描述错误的是（　　　）。

A. 文件上传后会在服务器的临时文件夹中创建一个被上传文件的临时副本

B. 如果要保存上传文件，需要将临时副本移动到指定文件夹中

C. 不将上传文件移动到指定目录，会导致临时目录空间不足导致上传失败

D. 临时副本文件会在脚本运行结束后消失

5. UEditor 的作用是（　　　）。

A. 实现文件上传功能　　　　　　　B. 所见即所得富文本 Web 编辑器

C. 检测输入内容规范性　　　　　　D. 以上答案都正确

四、简答题

1. 请简述文件上传功能的开发思路。

2. 请简述使用表单验证的优点。

第 8 章

内容管理系统（下）

在第 7 章中，已经实现了内容管理系统后台的功能，本章将实现内容管理系统前台的功能，包括前台首页、前台用户管理、内容列表页、内容展示等功能。其中，内容列表页中包含面包屑导航功能，内容展示模块需要实现评论和点赞功能。下面将对这些功能进行详细讲解。

8.1 前台首页

前台首页是用于让外部的访客访问，主要展示的是网站的内容。在接下来要实现的首页中，主要包括了页面布局、首页展示、栏目导航、轮播图、广告位。首页还有一个侧边栏，用于显示热门内容，热门内容会在 8.5 节专门进行讲解。下面将讲解如何开发前台首页的部分功能。

8.1.1 页面布局

在前台页面中，页面的布局分为顶部、内容区域和尾部这 3 个部分。其中，页面的顶部和尾部可以定义成公共文件，供其他页面使用。下面开始讲解页面布局的开发步骤。

（1）在 resources\views 目录下创建 common 目录，该目录用于保存公共文件，在该目录下创建

static.blade.php，用于保存静态文件，具体代码如下：

```
1 <meta name="viewport" content="width=device-width, initial-scale=1.0">
2 <link rel="stylesheet" href="{{asset('home')}}/common/twitter-bootstrap/4.4.1/css/
bootstrap.min.css">
3 <link rel="stylesheet" href="{{asset('home')}}/common/font-awesome-4.2.0/css/font-
awesome.min.css">
4 <link rel="stylesheet" href="{{asset('home')}}/css/main.css">
5 <script src="{{asset('home')}}/common/jquery/1.12.4/jquery.min.js"></script>
6 <script src="{{asset('home')}}/common/twitter-bootstrap/4.4.1/js/bootstrap.min.js"></script>
```

（2）创建 header.blade.php 文件，具体代码如下：

```
1  <div class="header">
2    <header>
3      <div class="container">
4        <a href="{{url('/')}}" style="color:#000000">
5          <div class="header-logo"><span>内容</span>管理系统</div>
6        </a>
7        <ul class="header-right">
8          <li>
9            <a href="#" data-toggle="modal" data-target="#loginModal">
10           登录</a>
11         </li>
12         <li>
13           <a href="#" data-toggle="modal" data-target="#registerModal">
14           注册</a>
15         </li>
16       </ul>
17     </div>
18   </header>
19   <!-- 栏目列表 -->
20 </div>
21 <!-- 登录表单 --->
22 <!-- 注册表单 --->
```

（3）创建 resources\views\common\footer.blade.php 文件，该文件用于保存页面底部的内容，具体代码如下：

```
1 <div class="footer">
2   <div class="container">内容管理系统</div>
3 </div>
```

8.1.2　首页展示

（1）创建首页视图，在 resources\views 目录下创建 index.blade.php，具体代码如下：

```
1 <!DOCTYPE html>
2 <html>
3 <head>
4   @include('common/static')
5   <title>首页</title>
6 </head>
```

```
7  <body>
8  @include('common/header')
9  <div class="main">
10   <div class="container">
11    <div class="row mt-4">
12     <!-- 轮播图 -->
13     <!-- 广告位 -->
14    </div>
15    <div class="row">
16     <div class="col-md-9">
17      <div class="row">
18       <!-- 栏目内容 -->
19      </div>
20     </div>
21     <div class="col-md-3">
22      <!-- 侧边栏 -->
23     </div>
24    </div>
25   </div>
26  </div>
27  @include('common/footer')
28  </body>
29  </html>
```

在上述代码中，第 4 行代码引入了静态公共文件；第 8 行代码引入了公共顶部文件；第 27 行代码引入了公共底部文件。

（2）创建 Index 控制器，具体命令如下：

```
php artisan make:controller IndexController
```

（3）在控制器中添加 index( )方法，具体代码如下：

```
1  <?php
2
3  namespace App\Http\Controllers;
4
5  use Illuminate\Http\Request;
6
7  class IndexController extends Controller
8  {
9      public function index()
10     {
11         return view('index');
12     }
13 }
```

（4）在 routes\web.php 文件中添加路由规则，具体代码如下：

```
Route::get('/', 'IndexController@index');
```

通过浏览器访问前台首页，其页面效果如图 8-1 所示。

图 8-1 展示了前台首页，由于还没有实现首页的其他功能，所以只显示了顶部和底部的内容。

图 8-1　前台首页页面效果

8.1.3　栏目导航

（1）在 Index 控制器中引入 Category 模型的命名空间，具体代码如下：

```
use App\Category;
```

（2）在 Index 控制器中编写 navBar()方法，查询栏目记录，并在 index()方法中调用 navBar()
方法，具体代码如下：

```
1  public function index()
2  {
3      $this->navBar();
4      return view('index');
5  }
6  protected function navBar()
7  {
8      $data = Category::orderBy('sort', 'asc')->get()->toArray();
9      $category = $sub = [];
10     foreach ($data as $k => $v) {
11         if ($v['pid'] != 0) {
12             $sub[$v['id']] = $v;
13         }
14     }
15     foreach ($data as $key => $val) {
16         if ($val['pid'] == 0) {
17             $category[$key] = $val;
18         }
19         foreach ($sub as $subv) {
20             if ($subv['pid'] == $val['id']) {
21                 $category[$key]['sub'][] = $subv;
22             }
23         }
24     }
25     return view()->share('category', $category);
26 }
```

在上述代码中，第 8 行代码查询栏目记录；第 9 行代码声明了两个数组，$category 用于保存最终的栏目数据，$sub 用于保存子栏目；第 10~14 行代码用于获取子栏目数据；第 15~24 行代码用于将栏目数据和子栏目数据进行循环对比，如果子分类的父类 id 与栏目的 id 相同，则将子分类数据保存到键名为 sub 的数组下；第 25 行代码用于将最终的处理结果发送到页面。

（3）在 header.blade.php 中输出栏目列表，具体代码如下：

```
1  <nav class="navbar navbar-expand-md navbar-dark">
2    <div class="container">
3      <div></div>
4      <button class="navbar-toggler" type="button" data-toggle="collapse"
5      data-target="#navbarSupportedContent" aria-expanded="false"
6      aria-controls="navbarSupportedContent"
7      aria-label="Toggle navigation">
8        <span class="navbar-toggler-icon"></span>
9      </button>
10     <div class="collapse navbar-collapse" id="navbarSupportedContent">
11       <ul class="navbar-nav mr-auto">
12         @foreach($category as $v)
13           @if(isset($v['sub']))
14             <li class="nav-item dropdown">
15               <a class="nav-link dropdown-toggle" href="#"
16               role="button" data-toggle="dropdown"
17               aria-haspopup="true" aria-expanded="false">
18                 {{$v['name']}}
19               </a>
20               <div class="dropdown-menu">
21               @foreach($v['sub'] as $val)
22                 <a class="dropdown-item" href="#">{{$val['name']}}</a>
23               @endforeach
24               </div>
25             </li>
26           @else
27             <li class="nav-item">
28               <a class="nav-link" href="#">{{$v['name']}}</a>
29             </li>
30           @endif
31         @endforeach
32       </ul>
33     </div>
34   </div>
35 </nav>
```

在上述代码中，第 12~31 行代码用于输出栏目列表，其中，第 14~25 行代码用于输出包含子类的栏目内容，第 27~29 行代码用于输出顶级栏目内容。

（4）通过浏览器访问，首页栏目导航页面效果如图 8-2 所示。

图 8-2 显示了首页的栏目导航，当导航下有二级栏目时，单击父导航会展开该导航下的二级导航。单击导航的链接，会跳转至栏目列表页面，由于栏目列表页的功能还未实现，单击导航时页面没有任何跳转。

图 8-2　首页栏目导航页面效果

8.1.4　轮播图

轮播图会在首页显示，用于突出展示网站的热点内容，吸引访客的眼球。本项目的轮播图用于显示置顶内容的图片，在后台添加内容时，将内容设置为置顶状态，就可以在首页的轮播图中看到该条内容的图片和标题。下面通过代码实现首页轮播图的功能。

（1）在 Index 控制器中导入 Content 模型的命名空间，具体代码如下：

```
use App\Content;
```

（2）在 Index 控制器中的 index()方法中，查询状态为置顶的内容，具体代码如下：

```
1  public function index()
2  {
3      ……（原有代码）
4      $recommend = Content::where('status', '2')->get();   // 新增代码
5      return view('index', ['recommend' => $recommend]);
6  }
```

在上述代码中，第 4 行代码用于获取置顶状态的内容；第 5 行代码用于将获取到的内容发送到页面中。

（3）在 index.blade.php 中输出轮播图，具体代码如下：

```
1  <div class="col-md-6 main-carousel">
2   <div id="carouselExampleCaptions" class="carousel slide"
3   data-ride="carousel">
4    <div class="carousel-inner">
5     @foreach($recommend as $k=>$con)
6      <div class="carousel-item @if($k==0) active @endif">
7       <img src="/static/upload/{{$con->image}}" class="d-block w-100">
8       <a href="#">
9        <div class="carousel-caption d-none d-md-block">
10        <h5>{{$con->title}}</h5>
11        <p></p>
12       </div>
13      </a>
14     </div>
15     @endforeach
```

```
16    </div>
17    <a class="carousel-control-prev" href="#carouselExampleCaptions"
18    role="button" data-slide="prev">
19      <span class="carousel-control-prev-icon" aria-hidden="true"></span>
20      <span class="sr-only">Previous</span>
21    </a>
22    <a class="carousel-control-next" href="#carouselExampleCaptions"
23    role="button" data-slide="next">
24      <span class="carousel-control-next-icon" aria-hidden="true"></span>
25      <span class="sr-only">Next</span>
26    </a>
27  </div>
28 </div>
```

在上述代码中，第 5～15 行代码用于显示置顶的内容；第 17～26 行代码用于显示切换内容的按钮。

（4）通过浏览器访问，观察轮播图是否已经正确显示。

8.1.5　广告位

在轮播图的右侧显示广告内容，其实现思路为查询首页的广告位，获取广告位下的内容并显示在页面中。

（1）在 Index 控制器中导入 Adv 模型的命名空间，具体代码如下：

```
use App\Adv;
```

（2）修改 app\Adv.php，设置关联模型，具体代码如下：

```
1 public function content()
2 {
3     return $this->hasMany('App\Advcontent', 'advid', 'id');
4 }
```

在上述代码中，将广告位和广告内容模型关联，获取广告位时可以直接获取到广告位下的内容。

（3）在 Index 控制器中的 index()方法中查询首页广告位下的广告内容，具体代码如下：

```
1 public function index()
2 {
3     ……（原有代码）
4     $advcontent = [];
5     $advlist = Adv::where('name', 'imgbox')->get();
6     foreach ($advlist as $key => $value) {
7         foreach ($value->content as $k => $v) {
8             $advcontent= explode("|", $v->path);
9         }
10    }
11    return view('index', ['recommend' => $recommend,
12    'adv' => $advcontent]);
13 }
```

在上述代码中，第 5 行代码用于获取名称为"imgbox"的广告位；第 6~10 行代码用于对该广告位下的广告内容进行处理，并将处理结果保存到$advcontent 数组中；第 11 行代码用于将广告内容发送到页面。

（4）在 index.blade.php 显示广告内容，具体代码如下：

```
1  <div class="col-md-6">
2    <div class="row main-imgbox">
3      @foreach($adv as $adval)
4        <div class="col-md-6">
5          <a href="#">
6            <img class="img-fluid" src="/static/upload/{{$adval}}">
7          </a>
8        </div>
9      @endforeach
10   </div>
11 </div>
```

（5）通过浏览器访问，在后台添加名称为"imgbox"的广告位，为广告位添加内容，访问前台首页，观察广告内容是否已经正确显示。

8.1.6　栏目内容

在首页的栏目内容区域，显示 4 个最新添加的栏目，每个栏目下显示一条最新添加的内容，下面实现首页栏目内容的展示。

（1）在 Index 控制器中的 index()方法中，获取最新的 4 个栏目数据，具体代码如下：

```
1  public function index()
2  {
3    ……（原有代码）
4    $list = Category::orderBy('id', 'desc')->get()->take(4);
5    return view('index', ['recommend' => $recommend,
6    'adv' => $advcontent, 'list' => $list]);
7  }
```

（2）修改 app\Category.php，设置关联模型，具体代码如下：

```
1  public function content()
2  {
3    return $this->hasMany('App\Content', 'cid', 'id')
4    ->orderBy('id', 'desc')->limit(1);
5  }
```

在上述代码中，将栏目和内容模型关联，获取栏目下的内容时，根据内容 id 降序排序，获取最新添加的内容。

（3）在 index.blade.php 显示栏目内容，具体代码如下：

```
1  @foreach($list as $value)
2    <div class="col-md-6 mb-4">
3      <div class="card main-card">
4        <div class="card-header">
```

```
5        <h2>{{$value->name}}</h2>
6        <span class="float-right">
7         <a href="#">[ 查看更多 ]</a>
8        </span>
9      </div>
10     @foreach($value->content as $val)
11       <div class="card-body">
12         <div class="main-card-pic">
13          <a href="#">
14            <img class="img-fluid" src="/static/upload/{{$val->image}}">
15            <span><i class="fa fa-search"></i></span>
16          </a>
17         </div>
18         <div class="main-card-info">
19          <span><i class="fa fa-calendar"></i>
20          {{ date('Y-m-d', strtotime($val->created_at)) }}</span>
21         </div>
22         <h3><a href="#">{{$val->title}}</a></h3>
23         <div class="main-card-desc">
24          {!!str_limit($val->content, 100)!!}
25         </div>
26       </div>
27     @endforeach
28   </div>
29  </div>
30 @endforeach
```

在上述代码中，第 5 行代码用于显示栏目名称；第 10~27 行代码循环分类下的内容，将该分类下的第一条内容显示在页面中。

（4）通过浏览器访问，观察栏目内容是否已经正确显示。

8.2　前台用户管理

前台用户管理模块包括用户登录、注册和退出功能。单击顶部导航右侧的"登录"按钮，弹出登录表单模态框，在登录表单中输入用户名和密码，单击"立刻登录"按钮，即可完成登录操作。如果不是注册用户，单击顶部导航右侧的"注册"按钮，弹出注册表单模态框，在注册表单中，输入用户名、邮箱、密码和确认密码信息，单击"立即注册"按钮，即可完成注册操作。下面实现前台用户的注册、登录和退出功能。

8.2.1　用户注册

（1）在 header.blade.php 视图中添加注册表单，具体代码如下：

```
1 <div class="modal fade" id="registerModal" tabindex="-1" role="dialog"
2 aria-labelledby="exampleModalLabel" aria-hidden="true">
3   <div class="modal-dialog">
```

```
4      <div class="modal-content">
5        <div class="modal-header">
6          <h5 class="modal-title">注册</h5>
7          <button type="button" class="close" data-dismiss="modal"
8          aria-label="Close">
9            <span aria-hidden="true">&times;</span>
10         </button>
11       </div>
12       <div class="modal-body">
13         <div class="form-group">
14           <label for="username1">用户名</label>
15           <input type="text" name="name" class="form-control"
16           id="username1">
17         </div>
18         <div class="form-group">
19           <label for="email">邮箱</label>
20           <input type="email" name="email" class="form-control"
21           id="email">
22         </div>
23         <div class="form-group">
24           <label for="password1">密码</label>
25           <input type="password" name="password" class="form-control"
26           id="password1">
27         </div>
28         <div class="form-group">
29           <label for="confirm">确认密码</label>
30           <input type="password" class="form-control" id="confirm">
31         </div>
32       </div>
33       <div class="modal-footer">
34         {{csrf_field()}}
35         <button type="button" class="btn btn-secondary"
36         data-dismiss="modal">关闭</button>
37         <button type="submit" class="btn btn-primary" id="register">
38         立即注册</button>
39       </div>
40     </div>
41   </div>
42 </div>
```

（2）在页面的<script>标签中给"立即注册"按钮绑定事件，具体代码如下：

```
1 <script>
2   $('#register').on('click', function() {
3     var data = {
4       'name': $('#username1').val(),
5       'email': $('#email').val(),
6       'password': $('#password1').val(),
7       'password_confirmation': $('#confirm').val(),
8       '_token': "{{ csrf_token() }}"
9     };
```

```
10      $.post("{{ url('register') }}", data, function(result){
11        if (result.status == 1) {
12          alert(result.msg);
13          $('#registerModal').modal('hide');
14        } else {
15          alert(result.msg);
16          return;
17        }
18      });
19    });
20  </script>
```

在上述代码中，单击"立即注册"按钮会自动发送请求，第 13 行代码用于关闭模态框。

（3）创建 User 控制器，具体命令如下：

```
php artisan make:controller UserController
```

（4）在 User 控制器中添加 register( )方法，验证用户提交的注册信息，具体代码如下：

```php
1   <?php
2
3   namespace App\Http\Controllers;
4
5   use Illuminate\Http\Request;
6   use Illuminate\Support\Facades\Validator;
7   use App\User;
8
9   class UserController extends Controller
10  {
11      public function register(Request $request)
12      {
13          $rule = [
14              'name' => 'required|unique:users',
15              'email' => 'required|email',
16              'password' => 'required|min:6|confirmed',
17              'password_confirmation' => 'required'
18          ];
19          $message = [
20              'name.required' => '用户名不能为空',
21              'name.unique' => '用户名不能重复',
22              'email.required' => '邮箱不能为空',
23              'email.email' => '邮箱格式不符合规范',
24              'password.required' => '密码不能为空',
25              'password.min' => '密码最少为 6 位',
26              'password.confirmed' => '密码和确认密码不一致'
27          ];
28          $validator = Validator::make($request->all(), $rule, $message);
29          if ($validator->fails()) {
30              foreach ($validator->getMessageBag()->toArray() as $v) {
31                  $msg = $v[0];
32              }
33              return response()->json(['status' => '2', 'msg' => $msg]);
```

```
34          }
35          $re = User::create($request->all());
36          if ($re) {
37              return response()->json(['status' => '1', 'msg' => '注册成功']);
38          } else {
39              return response()->json(['status' => '2', 'msg' => '注册失败']);
40          }
41      }
42 }
```

在上述代码中，第5~7行代码是需要引入的命名空间；第11~41行代码是 register()方法，用于处理用户的注册请求。

（5）在 routes\web.php 中添加路由规则，具体代码如下：

```
Route::post('/register', 'UserController@register');
```

（6）通过浏览器访问，测试用户是否可以正确注册。

8.2.2　用户登录

（1）在 header.blade.php 视图中添加登录表单，具体代码如下：

```
1  <div class="modal fade" id="loginModal" tabindex="-1" role="dialog"
2  aria-labelledby="exampleModalLabel" aria-hidden="true">
3    <div class="modal-dialog">
4      <div class="modal-content">
5        <div class="modal-header">
6          <h5 class="modal-title">登录</h5>
7          <button type="button" class="close" data-dismiss="modal"
8          aria-label="Close">
9            <span aria-hidden="true">&times;</span>
10         </button>
11       </div>
12       <div class="modal-body">
13         <div class="form-group">
14           <label for="username">用户名</label>
15           <input type="text" name="name" class="form-control"
16           id="username">
17         </div>
18         <div class="form-group">
19           <label for="password">密码</label>
20           <input type="password" name="password" class="form-control"
21           id="password">
22         </div>
23       </div>
24       <div class="modal-footer">
25         <button type="button" class="btn btn-secondary"
26         data-dismiss="modal">关闭</button>
27         <button type="submit" class="btn btn-primary" id="login">立即登录
28         </button>
```

```
29      </div>
30    </div>
31   </div>
32 </div>
```

（2）在页面的底部为"立即登录"按钮绑定事件，具体代码如下：

```
1  $('#login').on('click', function() {
2   var data = {
3     'name': $('#username').val(),
4     'password': $('#password').val(),
5     '_token': "{{ csrf_token() }}"
6   };
7    $.post("{{ url('login') }}", data, function(result) {
8     if (result.status == 1) {
9       alert(result.msg);
10      window.location.reload();
11    } else {
12      alert(result.msg);
13      return;
14    }
15  });
16 });
```

（3）在 User 控制器中创建 login( )方法，接收登录表单信息，具体代码如下：

```
1  public function login(Request $request)
2  {
3     $rule = [
4        'name' => 'required',
5        'password' => 'required|min:6'
6     ];
7     $message = [
8        'name.required' => '用户名不能为空',
9        'password.required' => '密码不能为空',
10       'password.min' => '密码最少为 6 位'
11    ];
12    $validator = Validator::make($request->all(), $rule, $message);
13    if ($validator->fails()) {
14       foreach ($validator->getMessageBag()->toArray() as $v) {
15          $msg = $v[0];
16       }
17       return response()->json(['status' => '2', 'msg' => $msg]);
18    }
19    $name = $request->get('name');
20    $password = $request->get('password');
21    $theUser = User::where('name', $name)->first();
22    if ($theUser) {
23       if ($password == $theUser->password) {
24          Session::put('users', ['id' => $theUser->id,'name' => $name]);
25          return response()->json(['status' => '1', 'msg' => '登录成功']);
```

```
26          } else {
27              return response()->json(['status' => '2', 'msg' => '密码错误']);
28          }
29      } else {
30          return response()->json(['status' => '2', 'msg' => '用户不存在']);
31      }
32 }
```

在上述代码中，当用户登录成功后，将用户的信息保存在 Session 中。

（4）在 User 控制器中导入 Session 的命名空间，具体代码如下：

```
use Illuminate\Support\Facades\Session;
```

（5）用户登录成功后会跳转到首页，在首页的顶部右侧区域中对"登录"按钮添加逻辑判断，如果用户已经登录，则显示登录用户的名称，具体代码如下：

```
1  @if(session()->has('users.name'))
2    <li>
3     <a href="#" class="j-layout-pwd">
4      <i class="fa fa-user fa-fw"></i>{{ session()->get('users.name') }}
5     </a>
6    </li>
7    <li><a href="#"><i class="fa fa-power-off fa-fw"></i>退出</a></li>
8  @else
9    <li><a data-toggle="modal" data-target="#loginModal">登录</a></li>
10   <li><a data-toggle="modal" data-target="#registerModal">注册</a></li>
11 @endif
```

在上述代码中，如果用户已经登录，则显示登录用户的用户名和"退出"按钮，单击"退出"按钮，即可退出内容管理系统。

（6）在 routes\web.php 中添加路由规则，具体代码如下：

```
Route::post('/login', 'UserController@login');
```

（7）通过浏览器访问，使用新注册的用户名和密码进行登录，测试用户是否可以正常登录，登录成功后页面的显示是否正确。

8.2.3　退出登录

（1）在 header.blade.php 中为"退出"按钮添加链接，具体代码如下：

```
<a href="{{ url('logout') }}"><i class="fa fa-power-off fa-fw"></i>退出</a>
```

（2）在 User 控制器中创建 logout() 方法，实现退出登录功能，具体代码如下：

```
1  public function logout()
2  {
3      if (request()->session()->has('users')) {
4          request()->session()->pull('users', session('users'));
5      }
6      return redirect('/');
7  }
```

在上述代码中，用户单击"退出"按钮后，删除用户的 Session 信息并跳转回首页。

（3）在 routes\web.php 中添加路由规则，具体代码如下：

```
Route::get('/logout', 'UserController@logout');
```

（4）通过浏览器访问，单击"退出"按钮后，观察用户是否可以退出系统。

8.3　内容列表页

在首页单击导航栏和内容列表的"查看更多"按钮都可以进入到列表页，内容列表页用于展示某一栏目下的所有内容，内容列表页需要实现分页和面包屑导航功能，列表页的功能完成后，需要在首页添加跳转到列表页的链接。下面将讲解如何实现上述功能。

8.3.1　内容列表

（1）在 Index 控制器中添加 lists( )方法，用于获取内容列表，具体代码如下：

```
1  public function lists($id)
2  {
3      if (!$id) {
4          return redirect('/')->with('tip', '缺少参数');
5      }
6      $this->navBar();
7      $content = Content::where('cid', $id)->get();
8      return view('lists', ['id' => $id, 'content' => $content]);
9  }
```

在上述代码中，参数$id 为栏目 id，根据该参数获取内容，将获取的结果发送到页面中。

（2）在 routes\web.php 中添加路由规则，具体代码如下：

```
Route::get('/lists/{id}', 'IndexController@lists');
```

（3）在 resources\views 目录下创建 lists.blade.php，具体代码如下：

```
1  <!DOCTYPE html>
2  <html>
3  <head>
4    @include('common/static')
5    <title>列表页</title>
6  </head>
7  <body>
8  @include('common/header')
9  <div class="main">
10   <div class="main-crumb">
11     <div class="container">
12       <!-- 面包屑导航 -->
13     </div>
14   </div>
15   <div class="container">
```

```
16    <div class="row">
17      <div class="col-md-9">
18        <div class="row">
19          <!-- 内容列表 -->
20        </div>
21      </div>
22      <div class="col-md-3">
23        <!-- 侧边栏 -->
24      </div>
25    </div>
26  </div>
27 </div>
28 @include('common/footer')
29 </body>
30 </html>
```

（4）在视图中添加内容列表，具体代码如下：

```
1  @foreach($content as $con)
2    <div class="col-md-6 mb-4">
3      <div class="card main-card">
4        <div class="main-card-pic">
5          <a href="#">
6            <img class="img-fluid" src="@if($con->image)/static/upload/
7            {{$con->image}}@else {{asset('admin')}}/img/noimg.png @endif">
8            <span><i class="fa fa-search"></i></span>
9          </a>
10        </div>
11        <div class="card-body">
12          <div class="main-card-info">
13            <span><i class="fa fa-calendar"></i>
14            {{ date('Y-m-d', strtotime($con->created_at)) }}</span>
15            <span><i class="fa fa-comments"></i>
16            0</span>
17          </div>
18          <h3><a href="#">{{$con->title}}</a></h3>
19          <div class="main-card-desc">
20            {!!str_limit($con->content,100)!!}
21          </div>
22        </div>
23        <a href="#" class="main-card-btn">阅读更多</a>
24      </div>
25    </div>
26 @endforeach
```

（5）通过浏览器访问内容列表页，其页面效果如图 8-3 所示。

图 8-3　内容列表页页面效果

8.3.2　分页

当列表页中内容很多时，页面会变得比较长，不易于用户查看，下面讲解如何在列表页实现分页功能。

（1）修改 Index 控制器中的 lists( )方法，具体代码如下：

```
1  public function lists($id)
2  {
3      ……（原有代码）
4      $content = Content::where('cid', $id)->paginate(4);
5      ……（原有代码）
6  }
```

（2）在视图中的如下位置中输出分页链接，具体代码如下：

```
1  <div class="col-md-9">
2    <div class="row">
3      <!-- 内容列表 -->
4    </div>
5    {{ $content->links() }}      <!-- 新增代码 -->
6  </div>
```

在上述代码中，找到类名为"col-md-9"的 div，在内容列表后添加第 5 行代码输出分页链接。

（3）通过浏览器访问内容列表页，观察分页效果。

8.3.3　面包屑导航

面包屑导航的作用是提示用户当前访问的页面在网站中的位置，给用户提供各个层级的入口，方便用户快速访问。下面讲解如何实现面包屑导航的功能。

　　手动编写代码实现面包屑导航非常烦琐，因此在 Packagist 网站中找到开源的面包屑导航库来使用。下面以 laravel-breadcrumbs 为例，演示如何实现面包屑导航的功能。

1. 安装

　　（1）使用 Composer 载入 laravel-breadcrumbs 库，具体代码如下：

```
composer require davejamesmiller/laravel-breadcrumbs
```

　　（2）在 config\app.php 文件中将这个服务提供者注册到 Laravel 中，具体代码如下：

```
1  'providers' => [
2      ……（原有代码）
3      DaveJamesMiller\Breadcrumbs\BreadcrumbsServiceProvider::class,
4  ],
```

　　（3）在 config\app.php 文件中注册别名，以方便使用，具体代码如下：

```
1  'aliases' => [
2      ……（原有代码）
3      'Breadcrumbs' => DaveJamesMiller\Breadcrumbs\Facades\Breadcrumbs::class,
4  ],
```

2. 配置导航

　　在内容列表页中，需要显示首页和内容所属栏目的面包屑导航，例如，"首页/生活"。其中，"生活"这个导航不是固定的，而是根据内容所属栏目动态获取的。下面来配置首页和所属栏目的导航。

　　（1）配置首页的导航链接，创建 routes\breadcrumbs.php 文件，具体内容如下：

```
1  <?php
2  use DaveJamesMiller\Breadcrumbs\Facades\Breadcrumbs;
3
4  Breadcrumbs::register('home', function($breadcrumbs){
5      $breadcrumbs->push('首页', route('home'));
6  });
```

　　在上述代码中，配置了首页的导航链接，并将首页链接到名称为 home 的路由。

　　（2）在 routes\web.php 中添加 home 路由，具体代码如下：

```
Route::name('home')->get('/', 'IndexController@index');
```

　　当单击首页的导航链接时，跳转至 Index 控制器的 index()方法。

　　（3）配置栏目的导航链接，在 breadcrumbs.php 中导入 Category 模型的命名空间，具体代码如下：

```
use App\Category;
```

　　（4）通过栏目 id 获取所属栏目，具体代码如下：

```
1  Breadcrumbs::register('category', function ($breadcrumbs, $id) {
2      $category = Category::find($id);
3      $breadcrumbs->parent('home');
4      $breadcrumbs->push($category->name, route('category', $id));
5  });
```

　　在上述代码中，使用参数$id 接收栏目 id，根据$id 查询分类信息。其中，第 3 行代码设置父级导航为首页；第 4 行代码设置栏目导航，导航名称为栏目的名称并跳转至路由名称为 "category" 的路由。

（5）在 routes\web.php 中添加 category 路由，具体代码如下：

```
Route::name('category')->get('/lists/{id}', 'IndexController@lists');
```

当单击栏目的面包屑导航时，跳转至 Index 控制器的 lists( )方法，即内容列表页。

3. 输出导航链接

（1）导航链接配置完成后，在 lists.blade.php 中输出面包屑导航，具体代码如下：

```
1  <nav aria-label="breadcrumb">
2    {!! Breadcrumbs::render('category', $id); !!}
3  </nav>
```

在上述代码中，通过调用 render( )方法生成面包屑导航，传入栏目 id，用于获取栏目名称。render( )方法会执行 routes\breadcrumbs.php 中的 Breadcrumbs::register( )注册的回调函数。

（2）通过浏览器访问内容列表页，面包屑导航效果如图 8-4 所示。

图 8-4　面包屑导航效果

8.3.4　跳转链接

内容列表页的功能完成后，需要给首页的导航和栏目内容的"查看更多"按钮添加链接，单击导航可以直接跳转到内容列表页面，下面实现在首页添加跳转链接的功能。

（1）在 header.blade.php 为导航添加链接，具体代码如下：

```
1  @foreach($category as $v)
2    @if(isset($v['sub']))
3      ……（原有代码）
```

```
4     @foreach($v['sub'] as $val)
5       <a class="dropdown-item" href="{{url('lists',
6       ['id' => $val['id']] )}}">{{$val['name']}}</a>
7     @endforeach
8     ……（原有代码）
9     @else
10    <li class="nav-item">
11      <a class="nav-link" href="{{url('lists',
12      ['id' => $v['id']] )}}">{{$v['name']}}</a>
13    </li>
14    @endif
15 @endforeach
```

在上述代码中，第 5 行和第 6 行代码为二级导航添加了链接；第 11 行和第 12 行代码为一级导航添加了链接。

（2）在 index.blade.php 为栏目内容的"查看更多"按钮添加链接，具体代码如下：

```
1  @foreach($list as $value)
2  ……（原有代码）
3  <div class="card-header">
4    <h2>{{$value->name}}</h2>
5    <span class="float-right">
6      <a href="{{ url('lists', ['id' => $value->id ])}}">[ 查看更多 ]</a>
7    </span>
8  </div>
9  ……（原有代码）
10 @endforeach
```

在上述代码中，第 6 行代码为"查看更多"按钮添加了链接。

（3）通过浏览器访问首页，在首页单击导航链接和栏目内容中的"查看更多"按钮，查看页面是否可以正确跳转至内容列表页。

8.4　内容展示

在内容管理系统中，内容详细页有多个入口，在首页中，单击轮播图标题和栏目内容图片进入到内容详细页；在内容列表页中，单击每条内容图片或"阅读更多"按钮也可以进入到内容详细页。本节将实现内容详细页的功能，并在首页和内容列表页的对应位置添加链接跳转到内容详细页。

8.4.1　内容详细页

（1）在 Index 控制器中创建 detail()方法，接收内容 id，根据 id 获取内容信息，具体代码如下：

```
1  public function detail($id)
2  {
3     if (!$id) {
4         return redirect('/')->with('tip', '缺少参数');
```

```
5      }
6      $this->navBar();
7      $content = Content::find($id);
8      return view('detail', ['id' => $content->id, 'cid' => $content->cid,
9       'content' => $content]);
10 }
```

（2）在 resources\views 目录下创建 detail.blade.php，具体代码如下：

```
1  <!DOCTYPE html>
2  <html>
3  <head>
4    @include('common/static')
5    <title>详细页</title>
6  </head>
7  <body>
8  @include('common/header')
9  <div class="main">
10   <div class="main-crumb">
11     <div class="container">
12       <!-- 面包屑导航 -->
13     </div>
14   </div>
15   <div class="container">
16     <div class="row">
17       <div class="col-md-9">
18         <!-- 内容区域 -->
19         <div class="main-comment">
20           <!-- 评论列表 -->
21         </div>
22         <!-- 发表评论表单 -->
23       </div>
24       <div class="col-md-3">
25         <!-- 侧边栏 -->
26       </div>
27     </div>
28   </div>
29 </div>
30 @include('common/footer')
31 </body>
32 </html>
```

（3）在视图中的内容区域输出内容的详细信息，具体代码如下：

```
1  <article class="main-article">
2    <header>
3      <h1>{{$content->title}}</h1>
4      <div>发表于{{ date('Y-m-d', strtotime($content->created_at)) }}</div>
5    </header>
6    <div class="main-article-content">
7      <p>
8        <img class="img-fluid" src="/static/upload/{{$content->image}}">
9      </p>
```

```
10    <p>{!! $content->content !!}</p>
11  </div>
12  <!-- 点赞模块 -->
13 </article>
```

（4）在 routes\web.php 文件中添加内容详细页的路由规则，具体代码如下：

```
Route::get('/detail/{id}', 'IndexController@detail');
```

（5）配置详细页面的面包屑导航，在 breadcrumbs.php 中导入 Content 模型的命名空间，具体代码如下：

```
use App\Content;
```

（6）配置详细页的导航链接，通过栏目 id 和内容 id 获取栏目和内容信息，具体代码如下：

```
1  Breadcrumbs::register('detail', function ($breadcrumbs, $posts) {
2      $content = Content::find($posts['id']);
3      $breadcrumbs->parent('category', $posts['cid']);
4      $breadcrumbs->push($content->title, route('detail', $posts['id']));
5  });
```

在上述代码中，$posts 数组中包含 2 个参数，分别是栏目 id 和内容 id。其中，第 2 行代码用于查询内容信息；第 3 行代码用于设置父级为栏目导航并传入栏目 id；第 4 行代码用于设置详细页的导航，导航名称为内容的标题，并跳转至路由名称为 "detail" 的路由。

（7）在 routes\web.php 文件中添加 detail 路由，具体代码如下：

```
Route::name('detail')->get('/detail/{id}', 'IndexController@detail');
```

（8）在详细页中输出面包屑导航，具体代码如下：

```
1  <nav aria-label="breadcrumb">
2    {!! Breadcrumbs::render('detail', ['id'=>$id,'cid'=>$cid]); !!}
3  </nav>
```

（9）修改首页 index.blade.php，给轮播图添加跳转到详细页的链接，具体代码如下：

```
1  <a href="{{url('detail', ['id'=> $con->id])}}">
2    <div class="carousel-caption d-none d-md-block">
3      <h5>{{$con->title}}</h5>
4      <p>{!! str_limit($con->content , 100) !!}</p>
5    </div>
6  </a>
```

上述代码中，第 1 行代码为添加的详细页链接；第 2~6 行代码为原有代码。

（10）为首页的内容图片添加链接，具体代码如下：

```
1  <a href="{{url('detail', ['id'=> $val->id])}}">
2    <img class="img-fluid" src="/static/upload/{{$val->image}}">
3    <span><i class="fa fa-search"></i></span>
4  </a>
```

上述代码中，第 1 行代码为新增的详细页链接；第 2~4 行代码为原有代码。

（11）修改列表页 lists.blade.php，在输出内容列表的 foreach 语句中找到类名为 "main-card-pic" 的 div，为图片添加链接，具体代码如下：

```
1  <a href="{{ url('detail', ['id' => $con->id ])}}">
2    <img class="img-fluid" src="@if($con->image)/static/upload/
3    {{$con->image}}@else {{asset('admin')}}/img/noimg.png @endif">
```

```
4   <span><i class="fa fa-search"></i></span>
5 </a>
```

（12）为标题添加链接，具体代码如下：

```
1 <h3>
2   <a href="{{ url('detail', ['id' => $con->id ])}}">{{$con->title}}</a>
3 </h3>
```

（13）为"阅读更多"按钮添加链接，具体代码如下：

```
1 <a href="{{ url('detail', ['id' => $con->id ])}}" class="main-card-btn">
2   阅读更多
3 </a>
```

（14）通过浏览器访问首页，通过不同的入口进入内容详细页，查看详细页的数据显示是否正确。

8.4.2　点赞

在内容详细页，用户可以对内容进行点赞，对内容进行点赞操作前，需要是已经登录的状态，下面实现点赞功能。

1. 创建数据表

（1）创建点赞表对应的迁移文件后，在迁移文件的 up()方法中添加表结构信息，具体代码如下：

```
1 public function up()
2 {
3     Schema::create('likes', function (Blueprint $table) {
4         $table->increments('id')->comment('主键');
5         $table->integer('uid')->comment('用户id');
6         $table->integer('cid')->comment('内容id');
7         $table->timestamps();
8     });
9 }
```

上述代码中，点赞表的字段有 id、uid（用户 id）、cid（内容 id）、created_at（创建时间）和 updated_at（更新时间）。其中，uid 字段是用户表的主键，cid 字段是内容表的主键；created_at 和 updated_at 字段是由第 7 行代码中的 timestamps()方法自动创建的。

（2）为了在项目中操作点赞表，下面创建点赞表对应的模型文件，具体命令如下：

```
php artisan make:model Like
```

上述命令执行后，会自动创建 app\Like.php 文件，具体代码如下：

```
1 <?php
2
3 namespace App;
4
5 use Illuminate\Database\Eloquent\Model;
6
7 class Like extends Model
8 {
9     public $fillable = ['cid', 'uid'];
10 }
```

2. 显示点赞数量

（1）在 Index 控制器的 detail( )方法中获取内容的点赞数量，具体代码如下：

```
1  public function detail()
2  {
3      ……（原有代码）
4      $count = Like::where('cid', $id)->get()->count();
5      return view('detail', ['id' => $content->id, 'cid' => $content->cid,
6      'content' => $content, 'count' => $count]);
7  }
```

在上述代码中，第 4 行为新增代码，用于获取内容的点赞数量，并将获取的结果发送到页面。

（2）在 Index 控制器中导入 Like 模型的命名空间，具体代码如下：

```
use App\Like;
```

（3）在 detail.blade.php 中的点赞模块显示点赞数量，具体代码如下：

```
1  @if(session()->has('users'))
2    <div class="main-article-like">
3      <span>
4        <i class="fa fa-thumbs-up" aria-hidden="true">{{$count}}</i>
5      </span>
6    </div>
7  @endif
```

在上述代码中，为点赞模块添加逻辑判断，只有在用户登录的状态下，才显示点赞模块。

（4）在浏览器访问详细页，在确保用户登录的状态下，查看点赞数量显示是否正确，由于目前还没有实现点赞功能，点赞的数量为空。

3. 实现点赞功能

（1）在 detail.blade.php 的底部添加<script>标签，具体代码如下：

```
1  <script>
2    $(function() {
3      $('.fa-thumbs-up').on('click', function() {
4        $.get("{{ url('like', $id) }}", {}, function(result) {
5          var count = result.count;
6          $('.fa-thumbs-up').html(count);
7        });
8      });
9    });
10 </script>
```

在上述代码中，为"点赞"按钮绑定了单击事件，单击"点赞"按钮后，会请求"like"路由，第 5～6 行代码是对请求结果进行处理，并更新页面中的点赞数量。

（2）在 Index 控制器中添加 like( )方法，具体代码如下：

```
1  public function like($id)
2  {
3      if (!$id) {
4          return response()->json(['status' => '2', 'msg' => '缺少参数']);
5      }
6      @session_start();
```

```
7      $data = [
8        'uid' => session()->get('users.id'),
9        'cid' => $id
10     ];
11     $re = Like::create($data);
12     if ($re) {
13         $count = Like::where('cid', $id)->get()->count();
14         return response()->json(['status' => '1', 'msg' => '点赞成功',
15         'count' => $count]);
16     } else {
17         return response()->json(['status' => '2', 'msg' => '点赞失败']);
18     }
19 }
```

（3）在 routes\web.php 文件中添加路由规则，具体代码如下：

```
Route::get('/like/{id}', 'IndexController@like');
```

（4）在浏览器访问详细页，测试是否可以对内容进行点赞。

8.4.3 评论

在内容详细页中，用户可以对内容发表评论并展示评论列表。其中，发表评论需要验证用户是否登录，只有登录后才可以发表评论。本节实现发表评论和展示评论列表的功能。

1. 创建数据表

（1）创建评论表对应的迁移文件后，在迁移文件的 up()方法中添加表结构信息，具体代码如下：

```
1  public function up()
2  {
3      Schema::create('comments', function (Blueprint $table) {
4          $table->increments('id')->comment('主键');
5          $table->integer('uid')->comment('用户 id');
6          $table->integer('cid')->comment('内容 id');
7          $table->string('content', 200)->comment('评论内容');
8          $table->timestamps();
9      });
10 }
```

上述代码中，评论表的字段有 id、uid（用户 id）、cid（内容 id）、content（评论内容）、created_at（评论时间）和 updated_at（更新时间）。其中，created_at 和 updated_at 字段是由第 8 行代码中的 timestamps( )方法自动创建的。

（2）为了在项目中操作评论表，下面创建评论表对应的模型文件，具体命令如下：

```
php artisan make:model Comment
```

执行上述命令后，会自动创建 app\Comment.php 文件，具体代码如下：

```
1  <?php
2
3  namespace App;
4
5  use Illuminate\Database\Eloquent\Model;
6
7  class Comment extends Model
```

```
8 {
9    public $fillable = ['cid', 'uid', 'content'];
10 }
```

2. 实现发表评论功能

（1）在 detail.blade.php 中添加发表评论表单，具体代码如下：

```
1 <div class="main-reply">
2   @if(session()->has('users'))
3   <div class="main-reply-header">发表评论</div>
4    <div class="main-reply-title">评论内容</div>
5   <div>
6    <textarea name="content" rows="8" id="content"></textarea>
7   </div>
8   <div>
9    <input type="hidden" id='c_id' value="{{$id}}">
10    <input type="button" value="提交评论" id="publish">
11   </div>
12  @endif
13 </div>
```

在上述代码中，第 2～12 行代码用于判断如果用户没有登录，则隐藏发布评论表单。

（2）在 detail.blade.php 的底部的<script>标签中为"评论"按钮绑定事件，具体代码如下：

```
1 <script>
2   $(document).ready(function() {
3    ……（原有代码）
4    $('#publish').on("click",function(){
5     var data = {
6      'cid' : $("#c_id").val(),
7      'content' : $("#content").val()
8     };
9     $.get("{{ url('comment') }}",data, function(result){
10     var data = result.data;
11     var user = data.user;
12     var html = '<div class="main-comment-item">';
13     html += '<div class="main-comment-name">' + user['name'] + '</div>';
14     html += '<div class="main-comment-date">';
15     html += data['created_time'];
16     html += '</div>';
17     html += '<div class="main-comment-content">';
18     html += data['content'] + '</div>';
19     html += '</div>';
20     $(".main-comment").append(html);
21     $("#count").html();
22     $("#count").html(data['count']);
23    });
24   });
25  });
26 </script>
```

（3）在 Index 控制器中添加 comment()方法，接收表单信息，具体代码如下：

```
1 public function comment(Request $request)
2 {
```

```
3        $cid = $request->input('cid');
4        $content = $request->input('content');
5        $uid = session()->get('users.id');
6        if (!$content) {
7            return response()->json(['status' => '2', 'msg' => '缺少参数']);
8        }
9        $data = [
10           'uid' => $uid,
11           'cid' => $cid,
12           'content' => $content,
13       ];
14       $re = Comment::create($data);
15       if ($re) {
16           $theComment = Comment::where('cid', $cid)->where('uid', $uid)
17           ->orderBy('id','desc')->first();
18           $theComment->created_time = date('Y-m-d',
19           strtotime($theComment->created_at));
20           $count = Comment::where('cid', $cid)->get()->count();
21           $theComment->count = $count;
22           $theComment->user = $theComment->user->name;
23           return response()->json(['status' => '1', 'msg' => '评论成功',
24           'data' => $theComment]);
25       } else {
26           return response()->json(['status' => '2', 'msg' => '评论失败']);
27       }
28 }
```

在上述代码中，定义了 comment() 方法用于接收表单信息，保存评论内容。其中，第 3 行和第 4 行代码接收内容 id 和评论内容；第 6~8 行代码验证评论内容不能为空；第 9~14 行代码保存评论内容；第 15~27 行代码返回保存的结果。

（4）在 Index 控制器中导入 Comment 模型的命名空间，具体代码如下：

```
use App\Comment;
```

（5）在 routes\web.php 文件中添加路由规则，具体代码如下：

```
Route::get('/comment', 'IndexController@comment');
```

（6）发表评论后，需要在页面显示用户的名称，因此，将 Comment 模型和 User 模型关联，修改 Comment 模型，具体代码如下：

```
1 public function user()
2 {
3     return $this->belongsTo('App\User', 'uid', 'id');
4 }
```

（7）通过浏览器访问详细页，在用户登录的状态下，测试是否可以发表评论。

3. 显示评论列表

（1）在 Index 控制器的 detail() 方法中获取评论列表，具体代码如下：

```
1 public function detail($id)
2 {
3     …… (原有代码)
```

```
4    $comments = Comment::where('cid', $id)->get();
5    return view('detail', ['id' => $content->id, 'cid' => $content->cid,
6    'content' => $content, 'count' => $count, 'comments' => $comments]);
7  }
```

在上述代码中，第 4 行代码为新增代码，用于获取内容的评论，并将获取的结果发送到页面。

（2）在 detail.blade.php 中显示评论列表，具体代码如下：

```
1  @if(!$comments->isEmpty())
2    <div class="main-comment-header">
3      <span id="count">{{$comments->count()}}</span> 条评论
4    </div>
5    @foreach($comments as $val)
6      <div class="main-comment-item">
7        <div class="main-comment-name">{{$val->user->name}}</div>
8        <div class="main-comment-date">
9        {{ date('Y-m-d', strtotime($val->created_at)) }}</div>
10       <div class="main-comment-content">{{$val->content}}</div>
11     </div>
12   @endforeach
13 @endif
```

（3）在浏览器访问详细页，查看评论列表显示是否正确。

4. 显示评论数量

（1）实现评论功能后，需要在内容列表页显示评论数量，在 Content 模型中添加关联模型，具体代码如下所示。

```
1  public function comments()
2  {
3      return $this->hasMany('App\Comment', 'cid', 'id');
4  }
```

（2）修改 list.blade.php，找到类名为 "fa fa-comments" 的<i>标签，将该标签后的 0 改为评论数量，具体代码如下。

```
{{$con->comments->count()}}
```

修改完成后，查看内容列表页显示的评论数量是否正确。

8.5　热门内容

热门内容是通过统计内容的点赞数量来确定的，在本项目中即点赞数量最高的那 2 条数据。在首页、列表页和详细页的右侧都包含热门内容模块，因此，将该模块提取出来作为公共文件供其他页面使用。下面实现热门内容模块的功能。

（1）在 Index 控制器中添加 hotContent()方法，具体代码如下：

```
1  protected function hotContent()
2  {
3      $hotContent = Like::select('cid',DB::raw('count(*) as num'))->
```

```
4        orderBy('num', 'desc')->groupBy('cid')->get()->take(2);
5        return view()->share('hotContent', $hotContent);
6    }
```

在上述代码中，第 3 行和第 4 行代码用于获取最热门的内容，通过对点赞表中的内容 id（cid）进行分组，将分组的数据进行降序排序，取出排序结果中的前 2 条数据。

（2）在 Index 控制器中导入 DB 类的命名空间，具体代码如下：

```
use Illuminate\Support\Facades\DB;
```

（3）修改 app\Like.php，设置关联模型，具体代码如下：

```
1    public function content()
2    {
3        return $this->belongsTo('App\Content', 'cid', 'id');
4    }
```

在上述代码中，将 Like 模型和 Content 模型关联，在获取点赞数据的同时可以直接获取到关联的内容数据。

（4）在 resources\views\common 目录下创建 sidebar.blade.php，具体代码如下：

```
1    <div class="card main-card main-card-sidebar">
2      <div class="card-header"><h2>热门内容</h2></div>
3      @foreach($hotContent as $val)
4        <div class="card-body">
5          <div class="main-card-pic">
6            <a href="{{url('detail', ['id' => $val->content->id])}}">
7              <img class="img-fluid"
8              src="/static/upload/{{$val->content->image}}">
9              <span><i class="fa fa-search"></i></span>
10           </a>
11         </div>
12         <h3><a href="{{url('detail', ['id' => $val->content->id])}}">
13         {{$val->content->title}}</a></h3>
14       </div>
15     @endforeach
16   </div>
```

（5）在 Index 控制器的 index()、lists()、detail()方法中分别调用 hotContent()方法，示例代码如下：

```
$this->hotContent();
```

（6）在 index.blade.php、lists.blade.php、detail.blade.php 中分别引入侧边栏，示例代码如下：

```
@include('common/sidebar')
```

（7）通过浏览器访问首页、列表页和详细页，查看热门内容模块是否可以正确显示。

本章小结

本章重点讲解了内容管理系统中前台的功能，通过对内容展示、用户登录注册、点赞、评论等功能的实现，希望读者能够掌握内容管理系统中常见的功能的开发，理解框架在开发中的作用，体会项目开发的完整流程，能够根据实际需要对项目中的功能进行修改和扩展。

课后练习

一、填空题

1. 在视图中调用＿＿＿＿＿＿方法生成面包屑导航。

2. 通过 Session 保存用户信息使用＿＿＿＿＿＿方法。

3. 在 Laravel 中判断对象是否为空通过调用＿＿＿＿＿＿函数实现。

4. 在内容管理系统中，推荐内容是通过数据表中＿＿＿＿＿＿字段实现的。

5. 通过使用＿＿＿＿＿＿库来实现面包屑导航。

二、判断题

1. 在模型中设置关联模型后，通过方法名获取关联模型的数据。（　　）

2. 在视图中使用常量{{asset('home')}}表示前台静态目录。（　　）

3. 在视图中统计元素个数时使用"对象->count( )"方法。（　　）

4. 在视图中输出元素时，只能使用模板语法，不能编写 PHP 代码。（　　）

5. 在视图语法中，{{ str_limit($content , 100)}}表示截取$content 的 100 个字符。（　　）

三、选择题

1. 在内容管理系统中，栏目导航的最大层级是（　　）。

A. 1　　　　　　　　B. 2　　　　　　　　C. 3　　　　　　　　D. 4

2. 在内容管理系统中，为了防止用户在没有登录的情况下直接访问后台页面，最好使用（　　）检查用户是否登录。

A. 中间件　　　　　　　　　　　B. 前台基础控制器的构造方法

C. 前台基础控制器的自定义方法　　D. 每一个控制器的构造方法

3. 表单属性中的 enctype="multipart/form-data"表示（　　）。

A. 这是一个默认值，主要用于少量文本数据的传递，在向服务器发送大量文本、非 ASCII 字符的文本或二进制数据时，这种编码效率很低

B. 上传二进制数据，只有使用了 multipart/form-data，才能传递文件数据

C. 用于向服务器传递大量的文本数据，该方式比较适用于电子邮件的应用

D. 以上说法全部错误

4. 在使用分页查询后，在视图输出分页链接的方法是（　　）。

A. display( )　　　　　B. show( )　　　　　C. links( )　　　　　D. assign( )

5. 模型对象查询数据后，返回的数据类型是（　　）

A. 关联数组　　　　B. 索引数组　　　　C. JSON 数组　　　　D. 实体对象

四、简答题

1. 在项目开发中，经常使用 isset( )和 empty( )来判断变量，请简述它们的区别。

2. 请简述在项目中使用模型的步骤。